JN082895

原発漂流

福島第１事故10年

はじめに

２０２０年初め、新たな危機が日本を覆った。新型コロナウイルスの感染拡大だ。世界を震撼（しんかん）させた11年３月の東京電力福島第１原発事故が起きて10年目に入ろうとしていた。原発政策や原子力事業は何が変わり、何が変わらないのか。事故の教訓は生かされているのか。検証報道の取材を始めようした時に、未知のウイルスが立ちはだかった。

記者たちは出張がままならず、対面での取材も慎重にならざるを得なかった。一方、「10年目の危機」は、日本の有事対応の在り方と備えの不足という変わらぬ課題を浮き彫りにした。

コロナ禍と原発事故は、ウイルスと放射線という「見えない敵」との闘いである点で共通する。政府の初動対応が問われ、最悪の事態をいかに想定しているかが試された。政治が科学技術とどう向き合うか、不安を募らせる国民といかにコミュニケーションを取るかも大きな焦点となった。検証報道は、変わらぬ課題を確認することから始まった。

原子力施設が多数立地する東北に拠点を置く新聞社として、福島事故10年の検証は避けられないテーマだった。

福島県には帰還困難区域が残り、避難指示解除区域も含め多くの人が古里に戻れないでいる。最長40年とされる福島第１原発の廃炉も、本丸とされる溶融燃料（デブリ）を全て取り出す技術はまだない。風化は決して許されない。

青森県には、いまだ操業に至らない使用済み核燃料再処理工場（六ケ所村）があり、再処理委託先の英国とフランスから返還された高レベル放射性廃棄物（核のごみ）も一時保管されている。最終処分をどうするかの国民的議論が進まず、その場しのぎの政策が続けば、なし崩し的に留め置かれるとの不安は消えない。

宮城県では、東北電力女川原発2号機（女川町、石巻市）の再稼働が現実味を帯びる。国内の原発が動きだす中、新たな安全規制は十分なのか、教訓は後退していないのか、目を凝らさなければならない。

菅義偉首相は20年10月、温室効果ガスの排出量を50年までに実質ゼロにする高い目標を表明した。脱炭素社会の実現へ原発復権に期待する声があるが、原発事故で極まった国民の不安と不信は根強い。日本の原子力政策がどこに向かうのか。航路は視界不良のままだ。本書が羅針盤を手にするための手掛かりになればいいと願う。

基になった連載は20年9月から21年4月まで掲載した。取材は報道部の若林雅人、勅使河原奨治、横山勲が中心となり、石巻総局の樋渡慎弥、大芳賀陽子、青森総局の八巻愛知（所属は当時）も加わった。デスクは佐藤崇が担当した。

河北新報社編集局長　**安倍　樹**

目次

第1章　見えない敵

日本初の原子力発電が行われた１９６３年、ドイツの哲学者ハイデッガーは日本人学者に書簡を送った。

「原子エネルギーの管理に成功しても、管理の不可欠なことが、この力を制御し得ない人間の行為の無能を暴露している」

人間の思い上がりに対する警告は48年後、原子力の暴走により現実になった。「管理された原発は安全」との神話は、福島の地で終焉（しゅうえん）を迎えた。原子力の復権は賛否の渦にのみ込まれ、航路が定まらないままだ。

史上最悪級の原発事故が東京電力福島第1原発（福島県大熊町、双葉町）で発生してから、２０２１年3月で丸10年となった。本書は、原子力事業と原発政策のどこが変わり、何が変わらないかを追う。

コロナ禍と原発事故は、病原体と放射線という見えない敵との闘いである点で共通する。政府の初動対応や危機への備え、政治と科学との関係でも相似形を描く。第1章は二つの未曽有の出来事を重ね合わせ、教訓を改めて考える。

エリートパニック

思考停止 悪夢の始まり

宰相が頼りにしたエリートたちは、宿題を忘れてきた小学生のようにうつむいたまま、誰とも目を合わせようとしなかった。

２０１１年３月11日夜、首相の菅直人は官邸でいら立ちを募らせていた。東京電力福島第１原発が津波に襲われ、全交流電源を失ったと夕方に報告を受けてから、詳細な情報が途絶えた。

「エリート」は原子力安全委員長の班目(まだらめ)春樹、経済産業省原子力安全・保安院長の寺坂信昭、東電フェローの武黒一郎の３人。原子力の安全確保、規制、発電を担う各組織のトップ級で、いずれも東大出身だ。

原子力緊急事態宣言は11日午後7時すぎと遅れた。「どうなっている」「どうすればいい」。問い詰める菅。３人は「あぁ」「うぅ」とうなるばかりだった。

官邸の政府対策本部には当初、原発周辺の地図も原発構内の見取り図もなかった。事故対策拠点となるオフサイトセンターや、最前線の原発所員が何をしているのかも分からない。

見かねた内閣審議官の下村健一が彼らに歩み寄り、ささやいた。「あなたの携帯電話を手で持って番号を押し、職場の部下に総理に言われた質問を伝えてください」。エリートたちは言われた通りに動きだした。

「反応できずにいた3人が『壊れているのでは』と疑った。彼らは自らが作り上げた『安全神話』に漬かりきっていた」。２０２０年9月、取材に応じた下村は語った。「原発を動かすなら、技術力以上に人間力の審査が要る」。下村が考える教訓の一つだ。

福島第1原発は翌12日に1号機、14日に3号機、15日に4号機の建屋が水素爆発。2号機や、4号機の使用済み核燃料プールも危機的状況に陥ったが、事態は収束に向かう。菅は20年8月の取材に「幸運な偶然が重なった。『神のご加護』だった」と振り返った。

菅の原発事故対応をはじめ、民主党政権を「悪夢」と呼び続けた自民党の前首相安倍晋三。自身も20年、新型コロナウイルス感染拡大への対応にあえいだ。

ＰＣＲなど検査体制の強化、国民への広報やリスクコミュニケーションを行う専門組

水素爆発を繰り返し東北、日本を危機に陥らせた福島第１原発（左から３号機、４号機）＝２０１２年９月３日

織の設置―。新型コロナ対応でも指摘されたこれらの対策は、民主党政権下の10年6月、09年から流行した新型インフルエンザ対策の有識者会議が報告書に盛り込んだ内容だ。

「以前から重ね重ね指摘されている事項。今回こそ発生前からの体制強化の実現を強く要望する」と報告書にある。切実な訴えが棚上げされたまま10年後、新たな感染症が発生した。

原発事故の国会事故調査委員長を務めた東大名誉教授の黒川清は20年6月、政府の新型コロナ対策の効果を検証する会議の委員長に就いた。政府や東電がなすべき備えを怠った末の原発事故を「人災」と断じた黒川。8月の取材にコロナ禍の印象をこう語った。

「福島の事故と同じ。政府のエリートたちが思考停止に陥った」

国民軽視 情報遠ざける

東京電力福島第１原発で２０１１年3月12日に最初の水素爆発が起きて間もない頃、警察庁から関係各県警に極秘の指示が飛んだ。

「原発から１００キロ圏の避難に向けた準備を進めろ」。悪化する原発の状況を踏まえ、政府の避難指示拡大に備えるためだった。

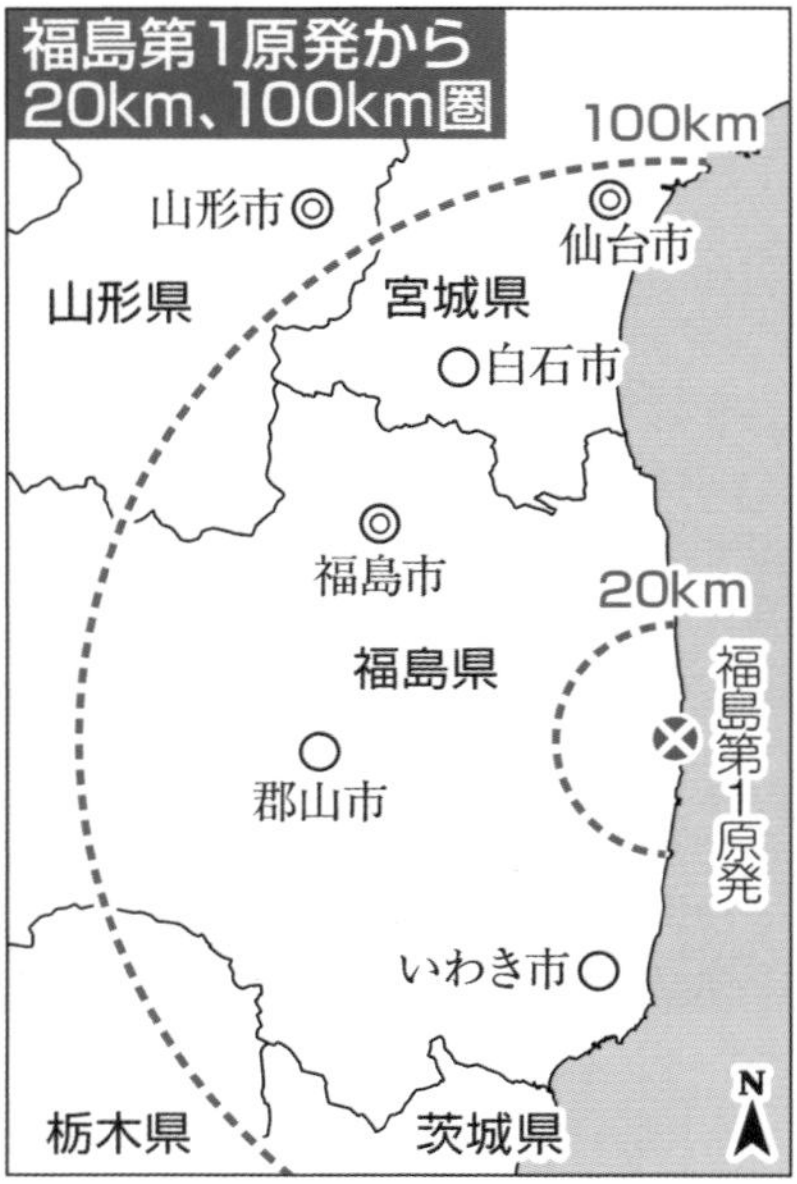

福島第1原発から20km、100km圏

１００キロ圏は福島市や郡山市など福島県内の主要都市は無論、仙台市中心部を含む宮城県の南半分がすっぽりと入る範囲。それまで半径20キロ圏に出された避難指示とは次元が違った。

避難誘導で信号機に配置する警察官と支給するマスク、防護服の確保に向けた検討が進んだが、津波で壊滅的な被害を受けた宮城、福島両県の沿岸部がネックとなった。どこに、どれほど避難者がいるのか、正確につかむのは困難だった。

「避難の想定を公開すれば大変なパニックになると思った」。警察関係者の一人は当時の心境を明かす。使用済み核燃料の溶融が最も懸念された4号機の貯蔵プールの安全が16日に確認され、「100キロ圏避難」は幸い、幻に終わった。

同じ頃、政府は「パニック」を理由に、いくつもの情報を国民から遠ざけた。

放射性物質の拡散方向などを予測した緊急時迅速放射能影響予測ネットワークシステム（SPEEDI）の情報は、5月まで大半を伏せた。最大で半径250キロ圏が避難対象になると想定した「最悪のシナリオ」は12年1月まで、存在を明らかにしなかった。

災害時に権力層のエリートらが国民のパニックを恐れ、冷静に判断できなくなることを「エリートパニック」と呼ぶ。東日本大震災の被災地も訪れた米国作家レベッカ・ソルニットの造語だ。自分が焦っているのだから、情報を得た国民はもっと焦る―というエリートらの誤った思い込みや国民軽視の姿勢を意味する。

未知の感染症への政府対応でも、同じ「病理」が見られた。

新型コロナウイルス対策の専門家会議が2020年3月に出した見解には当初、「無症状者による感染拡大」の記載があったが、「パニックになる」との政府の懸念を受けて削除された。5月の見解も「1年以上の長期戦」との表現が削られた。

「政府はまた『パニック神話』に陥った」。静岡大防災総合センター教授の小山真人（火山学、災害情報学）は断じる。「危機的状況の認識、逃げ道不足の認識、情報不足の3条件がそろって初めてパニックは起きる。コロナ禍は条件がそろわない」と指摘する。

感染拡大初期に生じたトイレットペーパーの品切れは「パニック買い」と言われたが、小山は「品不足に基づく理性的反応」とし、パニックとは区別する。

小山ら火山学者には苦い教訓がある。

仙台発山形行きのバスを待つ人々。仙台が避難区域となる可能性もあった＝2011年3月13日、仙台市の宮城県庁前

1991年に長崎県の雲仙・普賢岳で43人が犠牲になった災害では発生前、行政機関と共にパニックを恐れ、火砕流に関して住民らに十分な注意喚起をしなかった。「対応できないリスクも含め、伝えるべき情報を伝えなければならない」。小山は、かみしめるように語った。

無謬に固執 失策重ねる

2011年のネット流行語大賞の銀賞に、政権スポークスマンの「口癖」が選ばれた。「直ちに影響はない」

東京電力福島第1原発事故の広報対応で官房長官の枝野幸男が繰り返したフレーズは、事故への対処で迷走した民主党政権の象徴となった。

「不都合でも隠さない。不確かなら流さない」。当初は積極広報の姿勢で情報発信に臨んだ枝野は、「不確か」の部分でつまずいた。

テレビで放映された建屋が吹き飛ぶ様子を「爆発的事象」と曖昧に表現し、不安を増幅させた。事故直後は不明瞭な状況が続いたとはいえ、正確な情報にこだわって発表が遅れ、情報隠しを疑われる悪循環に陥った。

炉心溶融（メルトダウン）を巡る情報の錯綜は典型だった。

「メルトダウンがほぼ進んでいるのではないか」。事故翌日の11年3月12日午後、記者会見でいち早く可能性を指摘した経済産業省原子力安全・保安院審議官の中村幸一郎はその後、会見から姿が消えた。踏み込んだ発表が官邸の不興を買い、外されたとされる。後任の審議官の西山英彦は「炉心の毀損」「燃料ペレットの溶融」と表現をぼかし、メルトダウンについては「可能性は不明」とはぐらかした。

実のところメルトダウンは3月11日夜に始まっていた。政権は2カ月後、ようやくその事実を認めた。

2020年、新型コロナウイルスの感染拡大という危機に直面した自民党政権も、国民とのリスク情報の共有や意思疎通で悪手が目立つ。

専門外来受診の目安として当初示した「37・5度以上の発熱が4日以上」が、PCR検査の抑制を招いた一因とされる。前首相の安倍晋三が検査実施可能数の目標に掲げた「1日2万件」は達成が遅れた。「ステイホーム」「新しい生活様式」と耳慣れない言葉が次々と繰り出された。

慶応大商学部教授の吉川肇子（組織心理学）は「原発事故時よりも、リスクコミュニケーションが悪化している」と手厳しい。政府が義務のような提案を一方的に課す半面、検査・医療体制が整わない実情の説明が乏しく、国民が不安と不満を募らせているとみる。

吉川は「権力側が言いたいことだけを分かりやすく伝えることがリスクコミュニケーションではない。不都合な情報も伝えて、相互理解を図る民主的な手法が求められる」と語る。

危機の度に失策を繰り返す政府の情報発信。民主党政権時に内閣審議官を務めた元報道キャスターの下村健一は原発事故時の経験も踏まえ、日本社会に根強い「無謬（むびゅう）主義」の弊害を指摘する。

記者会見で事故内容を説明する西山英彦（左）。意図的に曖昧な表現にしたことを後に認めた＝２０１１年３月15日、経済産業省

社会全体に「失敗できない、失敗を許さない」文化があり、誤りを恐れて不確かな情報を出せず、曖昧な表現や非公表を選択しがちになるという。「情報の更新や判断の変更を責めるのではなく、より正確な新しい情報や判断と捉える感覚が必要だ」。下村は私たちの側の心構えも問う。

届かぬ警鐘

国の長期評価巡り暗闘

黒い壁のような波しぶきが曇天にせり上がる。

２０１１年３月11日午後３時35分ごろ。東京電力福島第１原発を高さ15メートルの津波が襲った。

１〜６号機の原子炉建屋全てが浸水し、このうち海抜10メートルにある１〜４号機は深刻な状態に陥った。24時間後、最初にメルトダウン（炉心溶融）が始まった１号機の建屋は、水素爆発で吹き飛んだ。

13日夜。記者会見に臨んだ社長の清水正孝は「今まで考えていたレベルを逸脱するような津波だった」と歯切れ悪く弁解した。実のところ東電は「15メートルの津波」を以前から意識していた。

始まりは3年3カ月前にさかのぼる。

07年12月11日、東京・大手町のビル。太平洋岸に原子力施設を持つ東電、東北電力、日本原子力発電（原電）、日本原子力研究開発機構（原子力機構）の担当者が協議に集まった。音頭を取ったのは東電。国の地震予測「長期評価」（2002年公表）への対処が共通の懸案となっていた。

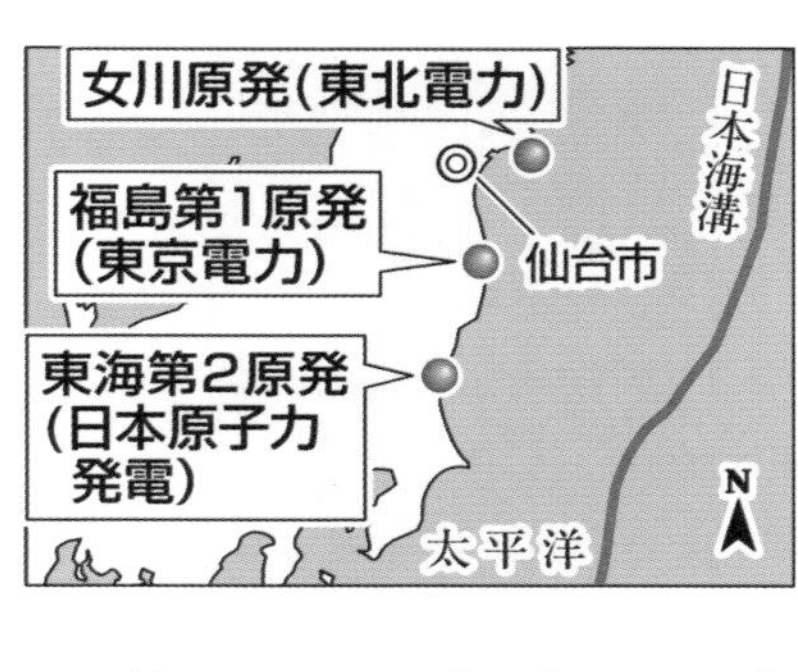

長期評価は、東日本沖の海溝沿いで巨大地震が「どこでも起こる」とした。これを基に津波高を計算すると、太平洋岸のほぼ全ての原発で従来の最大想定を超える。

06年には経済産業省原子力安全・保安院が各事業者に、原発耐震指針の改定に伴う安全性の再評価（バックチェック）を指示。4事業者とも津波対策を問題視される可能性があった。

「（長期評価は）バックチェックに取り込まざるを得ない」。東電の担

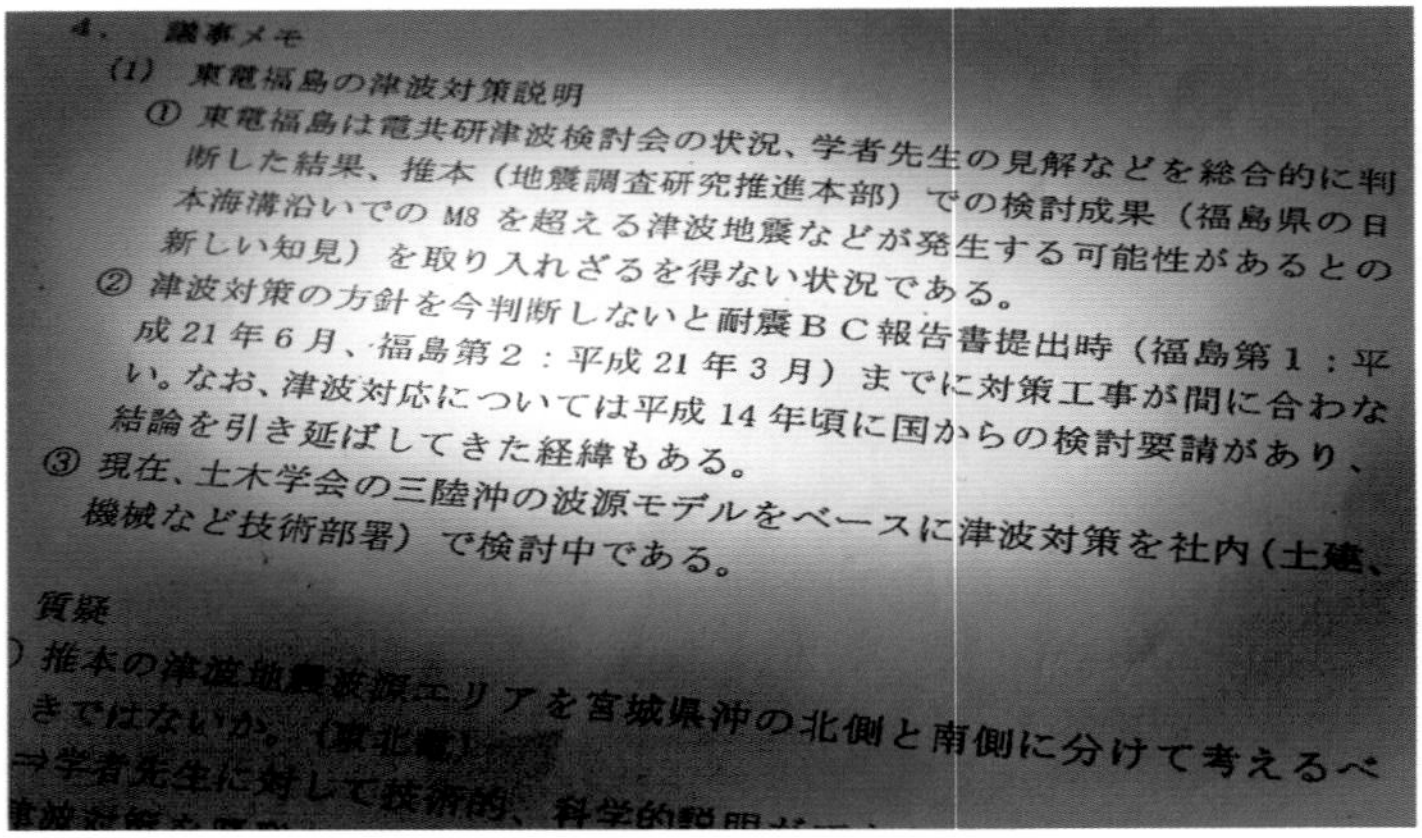

4、 議事メモ
(1) 東電福島の津波対策説明
① 東電福島は電共研津波検討会の状況、学者先生の見解などを総合的に判断した結果、推本（地震調査研究推進本部）での検討成果（福島県の日本海溝沿いでの M8 を超える津波地震などが発生する可能性があるとの新しい知見）を取り入れざるを得ない状況である。
② 津波対策の方針を今判断しないと耐震ＢＣ報告書提出時（福島第１：平成 21 年 6 月、福島第２：平成 21 年 3 月）までに対策工事が間に合わない。なお、津波対応については平成 14 年頃に国からの検討要請があり、結論を引き延ばしてきた経緯もある。
③ 現在、土木学会の三陸沖の波源モデルをベースに津波対策を社内（土建、機械など技術部署）で検討中である。
質疑
① 推本の津波地震波源エリアを宮城県沖の北側と南側に分けて考えるべきではないか。（東北電）
⇒学者先生に対して技術的、科学的説明が

4事業者による協議の議事録。津波対策について東電は「結論を引き延ばしてきた」との認識を示していた

当者が口火を切った。国の権威ある長期評価の見解は無視できない—と、この時の東電は考えていた。

東海第2原発（茨城県）を持つ原電も同調した。前もって東電と擦り合わせて協議に臨んでいた。

異を唱えたのは女川原発（宮城県女川町、石巻市）を抱える東北電力だった。担当者は「（長期評価は）考慮しないと言えれば助かる。避けるべきだ」と発言した。

女川原発で当時想定された最大津波高は13メートル。長期評価を踏まえた試算では最大22メートルに達したが、それは「構造的に存在するはずのない震源を無理やり存在すると仮定した場合」（東北電）と割り切っていた。

最初の協議から1カ月半後、原電から想定津波の検討案についてメールで意見を求められた東北電の担当者は反対理由を列挙し、「（長期評価を全面的に考慮した）検討は実施すべきでない」と返信した。東電には「（長期評価は）当社とし

て確定的に考慮すべき項目ではない」と改めて断りを入れた。

「国策民営」の原子力業界は横並び意識が強いとされるが、東北電は強気だった。女川原発の立地段階から想定外の津波を考慮し、原子炉建屋を海抜15メートルの高台に置くなど、対策を重ねてきたとの自負があった。

「統一的な行動は取られていない。事業者の独自性が強くなっている」。協議に加わった原子力機構の担当者は、内部向けの議事録にこう感想を書き残した。

経営最優先 対策先送り

「うわあ、本当か。そんなのって来るの」

東京電力が福島第1原発の津波対策を検討していた2008年3月。後に同原発所長となる原子力設備管理部長の吉田昌郎（故人）は、原発を将来襲うかもしれない「15・7メートル」という最大津波高の試算値を報告され、驚きの声を上げた。

国の地震予測「長期評価」（2002年公表）から子会社が解析したが、吉田は従来想定の3倍にもなる高さに半信半疑だった。

試算は3カ月後、防潮堤整備などの対策案と併せて東電経営層に報告された。原子力・

立地本部副本部長の常務武藤栄（後に副社長）は、結論をすぐに出さなかった。

東電は当時、07年7月の新潟県中越沖地震で被災した柏崎刈羽原発（新潟県）を全面停止させていた。津波の危険を認めて騒ぎになれば、福島第1原発まで運転停止となる事態もあり得た。

原発の稼働率が1％下がるだけで100億円の収益を失うと見込んでいた。福島まで停止した場合の損失は計り知れない。

08年7月31日、担当者からの経過報告を黙って聞き終えた武藤が言った。「専門家に時間をかけて研究してもらおう」。津波対策の「先送り」が結論だった。

東電は同8月、ともに太平洋岸に原子力施設を持つ東北電力、日本原子力発電、日本原子力研究開発機構と協議。国が求める安全性再評価（バックチェック）に長期評価を取り込む当初方針からの転換に理解を求めた。

女川原発（宮城県女川町、石巻市）を持つ東北電力は、その場で了承した。長期評価を全面的に考慮した津波想定に当初から反対していた。

「女川原発の停止リスクは相当軽減されると思った」。東北電の担当者は後に、東電旧経営陣に対する刑事告訴・告発を受けての検察の事情聴取に、協議当時の内心をこう明かした。

各事業者にとって最優先されたのは、過大な津波の危険を問題視され、対策完了まで運転停止に追い込まれるリスクの回避だった。

東電の方針転換で長期評価の扱いを巡る４者の足並みはそろった。だが、話はそれで終わらなかった。

東北電は平安時代の８６９年に仙台平野を襲った貞観津波の想定を重視していた。女川原発建設時から着目し、自社調査で見つけた堆積物から大津波の実態を歴史書以外で初めて裏付けた実績もあった。

４者協議と並行して国への提出を準備していた女川原発のバックチェック報告書に、貞観津波の最新研究論文を盛り込んだ。論文は福島にも大津波が来る可能性を示唆していた。東電には都合の悪い内容だった。

「同一歩調が望ましい」「御社の方針を再度確認したい」。08年10月以降、東電は東北電への働き掛けを繰り返した。東北電は突っぱね続けたが最後は折れ、貞観津波の位置付けを「参考」扱いに格下げした。

「東京電力のニーズを満足するもの」。東北電の担当者が社内文書に記した変更の理由には、諦めと不満がにじんでいた。

リスク発信 正解見えず

2008年10月下旬。東北大教授の今村文彦（津波工学）は研究室で、東京電力の津波対策担当者と面会した。

担当者は福島第1原発の津波対策を先送りする方針を説明し、次いで国の地震予測「長期評価」（2002年公表）の扱い方について助言を求めた。

「かなり過大で、非常に小さい可能性を追求するのはどうか」。今村は東日本沖の海溝沿いで巨大地震が「どこでも起こる」とした長期評価の見解に懐疑的だった。津波対策は切迫した話ではないと感じ、東電の方針におおむね同意した。

その3カ月前。津波対策の先送りを指示した東電原子力・立地本部副本部長の常務武藤栄は「東電の方針を有力な学者に説明し、了解を得ること」を宿題とした。

長期評価から津波を試算すると、福島第1原発は水没の危険が明白だった。対策の先送りは数百億円が見込まれる工事の費用対効果などを考慮した経営判断であり、規制当局が納得するか分からなかった。

宿題とは、先送り方針を正当化するための「根回し」のことだった。

当時、国や土木学会の津波検討会議の委員だった秋田大准教授の高橋智幸（水災害、現関西大教授）も東電から意見を求められた。「長期評価を考慮しなくてよい理由を示す必要がある」とあえて忠告した。高橋は20年７月、取材に「苦言が私の役割だと思ったので」と理由を説明した。

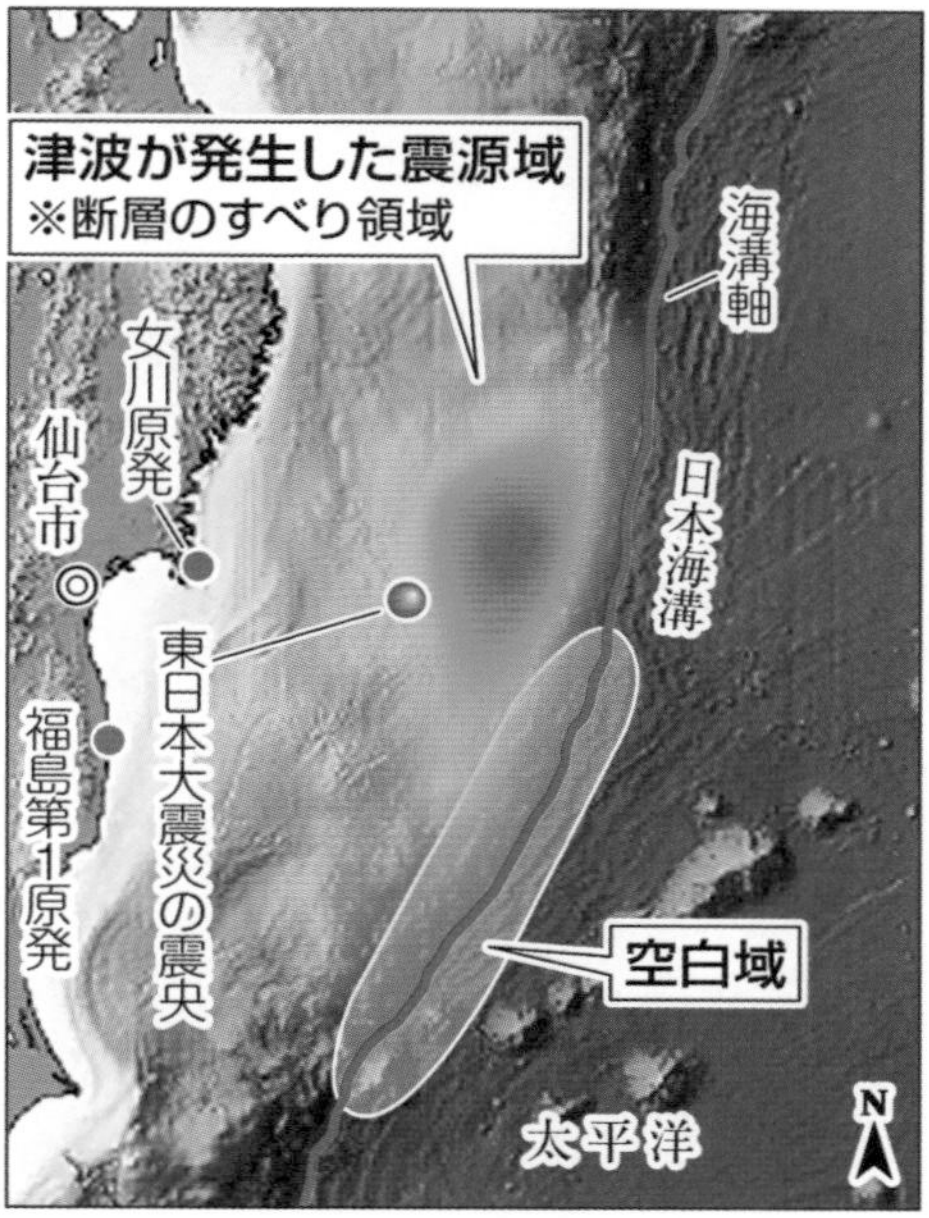

長期評価に違和感を持つ専門家は少なくなかった。東日本沖の海底プレート（岩板）は南北で固着の程度が異なるとされ、福島県沖は過去に大津波が起きていない「空白域」というのが通説だった。

空白域で大津波が起こらないとは言い切れないが、高橋も通説を信じていた。「実務で考慮するほど高い可能性ではないと考えていた。これが、われわれ専門家の『敗因』かなと思う」と高橋は語る。

気象庁気象観測所の分析を基に作成、海底地形図は海上保安庁提供

事故後に建設が始まった福島第1原発の防潮堤。高さを最高で16メートルまでかさ上げし、2023年度の完成を目指す＝20年1月

原発事故から5カ月後の11年8月。今村は政府の事故調査・検証委員会の聞き取りに「研究者として、きちんと扱えるデータを積み重ねて（津波を）評価しようとしたが、今思えば、それだけでは足りなかった」と無念さを吐露した。

東日本大震災は、宮城県沖の本震の衝撃が周辺の海底岩板に伝わり、福島や茨城県沖の地震まで誘発した「連動型」だった。過去の発生例や通説に従う立場からは予想できなかった。

20年7月、今村は東北大大学院教授の押谷仁（ウイルス学）らと学内セミナーで座談した。政府の新型コロナウイルス対策の専門家会議メンバーを務めた押谷。感染症の猛威と近年の自然災害について「経済性を優先させたことにより増大してきたリスク」と指摘した。今村はうなずいた。「限界がある中で見えないリスクを専門家がどう発信し、理解を得るべきか。原発事故ではどうすればよかったのか。今も自分の中で整理がつかない」。今村は自問を繰り返している。

数字の呪縛

安心の基準 風評の懸念

「風評被害の一因になっているのではないか」

２０２０年5月19日の衆院東日本大震災復興特別委員会。質問に立った自民党の元復興相根本匠（福島２区）は、福島の復興が直面する「二つの数値」に懸念を示した。

一つは東京電力福島第１原発事故後に設定された食品中の放射性セシウム基準値。もう一つは土壌などの除染で長期目標としている年間被ばく放射線量だ。

原発事故から9年以上が過ぎ、実態との乖離（かいり）が進んでいると根本はみた。政府側は答弁で、数値の妥当性を検証すると約束した。

食品の基準値（一般食品で１キログラム当たり１００ベクレル）は２０１２年4月、原発事故直後に

※セシウム134、137の総量（農林水産省の資料などを基に作成）

食品などの放射性セシウム基準値

（単位：Bq＝ベクレル/kg）

	日本	EU	米国	韓国
一般食品	100	1250	1200	100
牛乳	50	1000	1200	50
乳児用食品	50	400	1200	50
飲料水	10	1000	1200	10

※セシウム134、137の総量

設定された暫定規制値（同500ベクレル）に代わり導入された。除染目標は個人が受ける追加被ばく線量を年1ミリシーベルト以下にすることを目指す。いずれも民主党政権時に決まった。

政権が交代した12年12月、根本が第2次安倍政権で最初の復興相に就いた頃、二つの数値は既に浸透していた。根本は復興相在任時、数値の見直しを考えていたのか。取材に応じた根本は20年6月、「少なくとも科学的、合理的なのかは問う必要があると思っていた」と言葉を選んで答えた。

とりわけ食品基準値を「風評被害の元凶」と捉える関係者は多い。前原子力規制委員長の田中俊一（福島市出身）もその一人だ。

田中は委員長在任中の14年10月、河北新報社のインタビューに答えて「基準値は低すぎる。見直し議論はいずれしなければならない」と踏み込み、国会で発言の真意を問われた。

根本や田中が疑問視するのは、放射性物質で汚染された食品の割合を示す「占有率」。今の基準値の設定では、全ての国産品が汚染されていると仮定している。自給率に基づき流通する全食品の半分が国産品と想定するので占有率は50％。米国の30％、欧州連合（ＥＵ）の10％を上回る。

　基準値が導入された12年度から19年度まで、毎年約1万６０００〜約6万１０００件が実施された福島県の農林水産物モニタリング検査。基準値を超えた農林水産物の割合は12、13年度は１％台、14年度は０・43％だったが、15年度以降は０・１％未満が続く。

　全体の大半は今や検出下限値（５〜10ベクレル程度）にも満たない。「今も国産品が１００％汚染されている、との前提は果たして科学と呼べるか」と根本は言う。

全量全袋が対象だった福島県産米の放射性物質濃度検査。基準値超がなくなり、2020年度から抽出検査となった＝12年8月、二本松市

　暫定規制値から現在の基準値への切り替えは、当時の厚生労働相小宮山洋子の政治決断の側面が大きい。

　小宮山は20年6月の取材に「乳幼児を持つ保護者に（暫定

規制値への）不安が根強く、『安全』から『安心』の基準にした。さらに厳しい規制を望む声もあったが、経済への影響も考える必要があると理解を求めた」と振り返った。

基準値が風評被害を招いたとの指摘について、小宮山は「その時に最善と考える判断をした。おかしいなら変える必要はあるが、国民が納得するデータを伴わないと不信感を招き、かえって風評被害につながりかねない」と静かに語った。

帰還の壁 目標独り歩き

怒りを押し殺して質問する民主党の元環境相細野豪志に、自民党の環境相丸川珠代は平身低頭し答えた。

「福島の皆さまに誤解を与えているとしたら、おわびを申し上げたい」

２０１６年２月、衆院予算委員会。東京電力福島第１原発事故後に政府が定めた除染の長期目標「個人の被ばく放射線量で年１ミリシーベルト以下」を巡る質疑だった。

丸川は３日前、長野県での講演で、細野が環境相在任時に「誰にも相談せず、何の根拠もなく」長期目標を決めたと発言した。細野は予算委で「国際基準を基に福島の皆さんと相談して決めた」と強く反論した。

細野は20年7月の取材に「今でも『あの基準（除染目標）はおかしい』と言われることがある。（それに対応するのは）経緯や意味合いを説明する良い機会だと捉えている。あの時（予算委）も、そう考えた」と語った。

除染目標は、原発事故からの復旧時、住民の被ばく線量の限度を年1～20ミリシーベルトの範囲で決めるとする国際放射線防護委員会（ICRP）の勧告に基づく。

勧告を踏まえ細野は年20ミリシーベルト以下を避難指示解除の目安とし、年1ミリシーベルト以下を除染の長期目標に決めた。年1ミリシーベルトを一定の生活様式に基づく推計式に当てはめると、1時間当たりの空間線量は0・23マイクロシーベルトになる。

「健康や帰還の基準とは全く別物と強調してきた」（細野）が、多くの避難者は「年1ミリシーベルト以下にならないと安心できない、帰還できない」と受け止めた。丸川の失言の背景には、安全基準へと独り歩きした数値への不満があった。

同様の問題意識を、自民の元復興相根本匠（衆院福島2区）も抱く。根本は20年5月の国会質問で、食品の放射性セシウム基準値とともに除染目標を風評被害の一因と指摘した。復興相在任中には、除染目標の見直しを探った節がある。

避難指示区域での除染作業。放射線量低減の目標は、帰還などの「基準」と混同された＝2013年9月、南相馬市小高区

「達成できる数値を示してほしい」。13年2月、福島市で開かれた福島県と原発事故の被災市町村、国との意見交換会で、県知事佐藤雄平が年1ミリシーベルトに代わる数値の設定を国に求めた。実現に長い時間のかかる年1ミリシーベルトでは住民の帰還が進まない、と市町村長らは危機感を募らせていた。

要請を受け、復興相の根本は「線量水準に応じた防護措置の具体化」を原子力規制委員会や関係省庁に指示した。有識者らも加わった検討チームが同11月に提言をまとめたが、新たな数値は盛り込まれなかった。

「年20ミリシーベルト以下ならば健康に影響がないと説明している以上、年1ミリシーベルトとの中間の数値設定は科学的に難しかった」。根本は20年6月、取材にこう明かした。

原発事故から9年半。被災地の放射線量は自然減衰もあり、多くの場所で大幅に低下した。原子力規制委員長の更田豊志は20年8月26日の記者会見で「除染目標をいきなり年1ミリシーベルトと置いたことが果たして正しかったのか、検証がなされてしかるべきだ」と指摘した。

見直し論も依然くすぶるが、細野は「もはや除染目標を大きく転換する必要はない。見直しは混乱のもとになる」と強調する。

科学と政治 曖昧な境界

「専門家会議が政策を決定しているような印象を与えた」

２０２０年６月24日、東京都内で記者会見した国立感染症研究所長の脇田隆字は、約４カ月半にわたって座長を務めた政府の新型コロナウイルス対策専門家会議の活動を、こう総括した。

「人との接触８割減」「新しい生活様式」。感染拡大に強い危機感があった専門家会議は当初、経済活動への影響を懸念して対策に慎重な政府に代わり、踏み込んだ提案を頻繁に発信した。総括には「前のめり」への反省がにじんだ。

コロナ禍は科学と政治の在り方を問い直した。科学が示す客観的な事実と分析を基に、政治が政策を総合判断するのが理想とされる。未知のウイルスを前に、両者の均衡が揺らいだ。

前例のない原子力災害だった東京電力福島第1原発事故でも、科学と政治の境界は曖昧だった。新型コロナとは逆に、前のめり気味になったのは政治の方だ。

食品中の放射性セシウム濃度の基準値（一般食品で1キログラム当たり100ベクレル）と、除染の長期目標（個人の被ばく放射線量で年1ミリシーベルト以下）の設定に至る経緯で顕著に表れた。専門家から「厳しすぎる」「除染実施者に過度の負担を強いる」と異論が出たが、最終的に政治判断で決まった。

除染目標を議論した国の環境回復検討会委員を務めた国立環境研究所理事森口祐一は「新型コロナと同様、経済活動と折り合いをつける必要があったが、当時はそうした考えが受け入れられにくかった」と話す。

理由について、当時の環境相細野豪志は「原発事故の責任が政府にあり、専門家が信頼を失っていた」と指摘する。原子力の専門家の機能不全ぶりが科学者全般へ不信を広げた上、国策がもたらした被ばくリスクを容易に許容できない空気が国民を支配していた。

森口も「『放射線量が下がらないと帰還できない、帰還しない』という雰囲気の中で、

福島県飯舘村の帰還困難区域境のゲート。村は除染なしでの避難指示解除を要望している＝2020年9月9日（写真は一部加工した）

とにかく除染して線量を下げることが眼目だった」と振り返る。

食品基準値と除染目標の見直しを模索する動きは13年ごろから断続的にある。特に食品基準値は国の放射線審議会が19年1月、「モニタリングの根拠として使い続ける必要性を説明できない状況」と指摘した。

審議会委員の東北大大学院准教授吉田浩子は議論の過程で「（原発事故直後の）緊急時に設定した数値を固定して使うことは極めて不適切だ」と意見した。食品基準値と除染目標について「どちらも後に当然見直されると考えた専門家が多かったが、定着してしまった」と取材に語った。

被災者の感情や意向に寄り添う政治。時に妥協を迫られる科学の側は自問自答を繰り返す。

政府の新型コロナ対策専門家会議のメンバーの一人

だった東北大大学院教授押谷仁は13年、中東で当時新型のコロナウイルスが確認された後に書いた論文で警告していた。

「高度な専門的知識・経験が必要な危機管理で『政治主導』が危険なのは、原発事故への対応をみても明らかだ」

第2章　規制と推進

「事業者の虜（とりこ）」。原発事故の国会事故調査委員会は過去の規制当局を、こう断罪した。原発の安全規制はどうあるべきなのか。事故の教訓は生きているのか。現状と課題を追う。

接近

孤立なき独立 試行錯誤

規制当局トップがおもむろに連携を持ち掛けた。

「職員をもし研修に受け入れるとなったら、何かアイデアがあれば伺いたい」

2020年2月4日。原子力規制委員会委員長の更田豊志は、東北電力経営層との意見交換で、同社の原発運転研修に原子力規制庁職員が参加できないかと打診した。社長の原田宏哉（当時）は「規制庁職員が現場をよく知ることは双方にメリットがある」と、言葉を選びつつも前向きに応じた。

原田の冷静な対処は、「先例」があったためとみられる。数日前、更田は日本原子力発電（原電）経営層との意見交換でも同様に打診。社長の村松衛は「全く予想しない質問」と驚き、様子は動画で配信された。

打診は20年10月時点で2社以外にない。選ばれた理由を東北電関係者は「発電所の再稼働が目に見える形になっていたからかもしれない」と推し量る。

原電の東海第2原発（茨城県）は18年9月、新規制基準適合性審査に合格。東北電の女川原発2号機（宮城県女川町、石巻市）も19年11月に審査書案を規制委が了承。意見交換から間もない20年2月20日に正式合格した。

異例の打診には訳があった。原電との意見交換の8日前、規制委の運営状況を点検した国際原子力機関（ＩＡＥＡ）の専門家チームから「原子力産業界とコミュニケーションができていない」と指摘された。

「実行力のある規制活動には産業界での技術の革新や改善、知見に接する必要がある」。記者会見でチーム長のラムジー・ジャマール（カナダ原子力安全委員会上席副長官）はこう強調し「規制当局の独立性は重要だが、孤立してはいけない」と続けた。

ジャマールは、政府や規制当局の職員が産業界の研修や訓練に参加する他国の例を挙げ、日本での導入を促した。そこで更田は直近に意見交換があり、原発の再稼働が現実味を帯びつつあった原電と東北電に研修受け入れを打診した、といういきさつだった。

新型コロナウイルスの感染拡大で研修の検討は足踏み状態だが、規制庁は「過去に職員が原発内で事業者側と共に放射線管理教育を受けた実績がある。研修も不可能ではない」と実現を引き続き探っている。

当の事業者側は距離を測りかねている。

東京電力福島第1原発事故では、事業者とのなれ合い、もたれ合いで規制側の監視・監督機能が十分でなかったと指摘された。事故前の津波対策が争点となった集団訴訟の控訴審判決（2020年9月30日）でも、仙台高裁は「東電の報告を唯々諾々と受け入れ、規制当局は期待される役割を果たさなかった」と断じ、東電と同等の責任を認定した。

「事故に対する反省や怒りのようなものに基づいて」（更田）、12年9月に発足した規制委。事業者と一定の距離を保ち、新たな規制基準を定めて厳格な安全対策を求めてきた。研修の申し入れは向き合い方の軌道修正にも見える。

意見交換の最後に、東北電の原田は戸惑い気味に付け加えた。「規制をする側とされる側。関係性に留意点はあるかもしれない」

波風

「喪明け」望む空気強く

規制当局に対する「宣戦布告」のようだった。

2013年5月、日本原子力発電は敦賀原発2号機（福井県）直下に活断層があると断じた原子力規制委員会有識者会合の専門家らに文書を送った。「厳重抗議」と題し、会合の運営方法や結論を強い文言で批判した。

「当社の主張が先生（専門家）方にほとんど無視された」。原子力規制庁に乗り込んだ社長の浜田康男（当時）は、報道陣の前で不満をぶちまけた。原子炉直下に活断層があれば、原発は動かせない。原発専業で電力卸売りを手掛ける同社にとって、原発稼働の可否は死活問題に直結する。

敦賀原発は旧原子力安全・保安院が12年8月、敷地内の断層について掘削などの追加調査が必要と判断した全国6原発の一つ。翌月に保安院が廃止され、規制委が対応を引き継いだ。

6原発には東北電力東通原発（青森県東通村）も含まれる。規制委の有識者会合は15年3月、同原発敷地内の主要断層2本について「活動性は否定できない」と結論づけた。東北電は「議論が尽くされていない」と反発した。

2原発に関する活断層の有無は、規制委による新規制基準適合性審査の場で現在も議論が続く。

一連の断層調査は有識者会合で座長役を務めた規制委員長代理の島崎邦彦（当時）が率いた。地震学者として福島沖などへの大津波襲来の可能性を示す国の地震予測「長期評価」の策定に関わりながら、東京電力福島第1原発事故を防げなかったことを悔いていた。

「科学的判断のみが重要だ。再稼働やエネルギー、経済、社会的問題は一切考えないでほしい」。東通の断層を巡る12年11月の初会合で、島崎は専門家らにくぎを刺した。原発事故の教訓から事業者には終始厳格な姿勢で臨み、「規制委は『活断層狩り』に奔走している」（青森県議）など多くの苦言にさらされた。

島崎は14年9月に任期満了を迎え、規制委員を退任した。委員の選任や再任には国会の同意が必要。与党の一部に島崎の交代を求める声があった。「政治的圧力による退任」

東北電力東通原発敷地を調べる原子力規制委員会有識者会合の関係者ら。活断層の有無を巡り議論が続く＝２０２０年12月、青森県東通村

との見方を、島崎自身は否定している。

規制委の周りに波風は立ち続ける。再稼働の前提となる新規制基準適合性審査が長期化しているためだ。

審査を申請した16原発27基のうち９原発16基が合格したが、その後の手続きも経て再稼働したのは５原発９基。３原発５基は新規制基準が求めるテロ対策施設の設置遅れや運転禁止の司法判断で停止するなど、20年10月19日現在で運転を続けるのは２原発２基にとどまる。

原発事故から９年半が過ぎ、原発推進の関係者の間で「喪明け」を望む空気は強まっている。

20年７月に開かれた政府の総合資源エネルギー調査会基本政策分科会。元経産省幹部で日本エネルギー経済研究所理事長の委員豊田正和は、規制委の審査で再稼働が進まない現状を独自の例えで表現した。

「日本の原子力規制は『飛ばない飛行機』を作ってい

くことになりかねない。飛ばない飛行機は安全だが機能は果たさない」
規制委に向けられる視線はさらに厳しさを増す。

覚悟

人事ルール 風化の恐れ

東北電力女川原発2号機（宮城県女川町、石巻市）で2020年3月下旬、機器除染中の作業員が体内に放射性物質を取り込み、内部被ばくした。被ばくは微量だったが、原子力規制庁は同年8月、事業者に指摘すべき安全上の問題がある「検査指摘事項」に当たるとして公表した。

同年4月に始まった新たな検査制度下で初めての事例だった。検査に当たった原子力規制庁女川原子力規制事務所（女川町）所長の川ノ上浩文(61)は「最初のケースだったので慎重に検査し、判断まで長期間を要した」と振り返る。

同事務所は全国22カ所にある原子力規制事務所の一つ。女川には運転検査官や防災専門官ら６人が常駐し、原発内外を監視する。

新検査制度は、使用前、施設定期、保安などに分かれていた検査を「原子力規制検査」に一本化した。検査官が事前通告なしで施設に立ち入り、電子情報の確認や質問もできる「フリーアクセス」の新設が柱だ。

「得た情報で事案の軽重を判断するには、従来以上の知識や技量が要る」と川ノ上は検査官の意識の向上に期待する。事業者側も「検査官との意見や情報の交換が増え、中身も濃密になった。こちらが自主的に検査して対処する活動が根付き始めた」（東北電）と相乗効果を強調する。

川ノ上は九州経済産業局から18年に規制庁に転籍。川内原子力規制事務所（鹿児島県）を経て19年、女川に赴任した。「前職で深めた原子力に関する知識や経験を、規制庁で生かしたかった」という。

原子力政策を推進する経済産業省、文部科学省と規制部門の人事交流は東京電力福島第１原発事故後、大きく見直された。規制庁前身の原子力安全・保安院は経産省の一部門だったので職員が異動で往来し、こうした規制と推進の未分離が十分な規制を妨げた背景の一つとされたためだ。

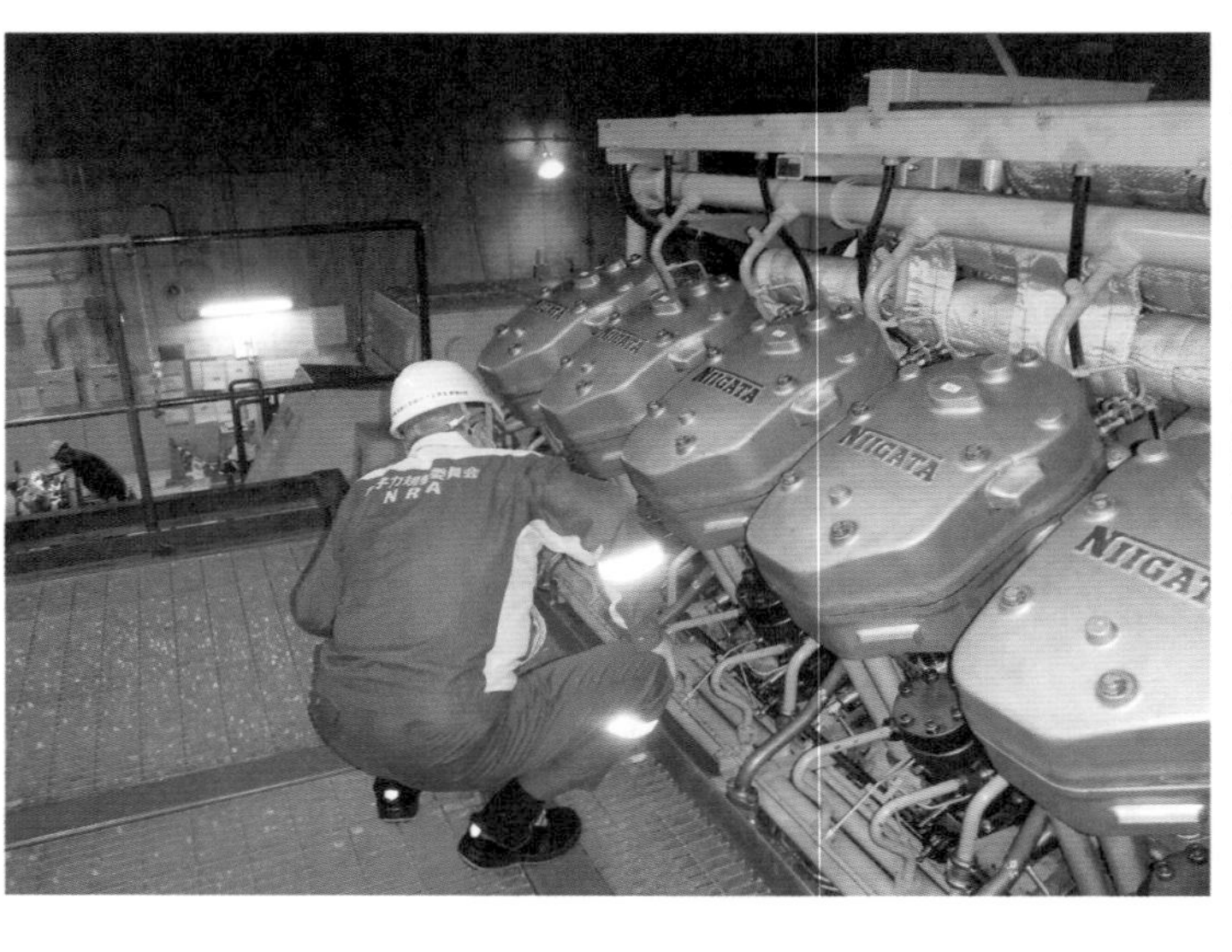

女川原発3号機で非常用ディーゼル発電機を確認する検査官。検査の仕方は大きく変わった＝2020年8月13日（女川原子力規制事務所撮影）

12年9月の原子力規制委員会発足に当たり、事務局を担う規制庁の職員に経産、文科両省など原子力推進官庁への復帰を認めない「ノーリターン・ルール」が導入された。新たな規制の独立性を象徴する仕組みだったが、発足後5年間は「やむを得ない事情がある場合」は適用除外とした。

規制庁によると、ルールの除外運用で5年間に経産省に約150人、文科省に約100人が転籍。「若手を中心に出向元への異動希望が多かった」という。15年には、原発推進に直接関わる部署には戻れないと対象を絞り、出身官庁への復帰を事実上認めた。人材確保のため、復帰の余地を残し規制庁に来やすくする苦肉の策だった。規制庁は「問題のある転籍はない」と強調するが、ルール形骸化の懸念がくすぶる。

元経産政務官で立憲民主党の衆院議員田嶋要（比

例南関東）はルール適用や推進側への再就職状況を国会で質問し続けている。原発事故直後の11年６～９月、政府の原子力災害現地対策本部長として福島の実情を目の当たりにし、記憶は今も鮮明だ。

田嶋は「ルールの風化が再び事故の元をつくってしまわないか。今後も問い続ける」と言う。

自律

内輪の評価　信頼性が鍵

開口一番の言葉に、世辞ではない本心がにじんだ。

「原子力規制委員会は歓迎している。大いに期待している」

東京都内で２０２０年２月に開かれた原子力エネルギー協議会（ＡＴＥＮＡ＝アテナ）の第２回年次フォーラム。初めて来賓出席した規制委員長の更田豊志はあいさつの中で、ＡＴＥＮＡの発足を好意的に評価した。

ATENAは18年7月、新規制基準の枠にとどまらない安全対策実施を目的に、東北電力など大手電力会社や原発メーカーなど19の法人・団体が設立した。設備の経年劣化管理や新検査制度に対応したルール作りなどの共通課題に取り組んでいる。

東京電力福島第1原発事故後の原子力政策を議論する国の総合資源エネルギー調査会の部会が14年、原子力産業界が自主的に安全性向上を図るよう提言したのが設立のきっかけだ。

提言は「規制（基準）さえ満たせばよいとの意識や、全会一致の意思決定プロセスで落としどころを探る対応と決別」するよう求めた。ATENA事務局長の示野哲男は「全会一致では低い水準で合意しがちだった。今は嫌がる事業者がいても8割、時には5割の同意で決める」と説明する。

更田は期待する理由を「カウンターパート（対等な相手）として強い組織に育つことは原子力の安全全体に望ましい」と述べた。ただ、その立場を巡っては「電気事業連合会（電事連）の了解がないと議論が進められないのではないか」（原子力規制庁幹部）との疑念も根強い。

ATENAの職員（2020年8月時点、役員を除く）30人中23人は大手電力からの

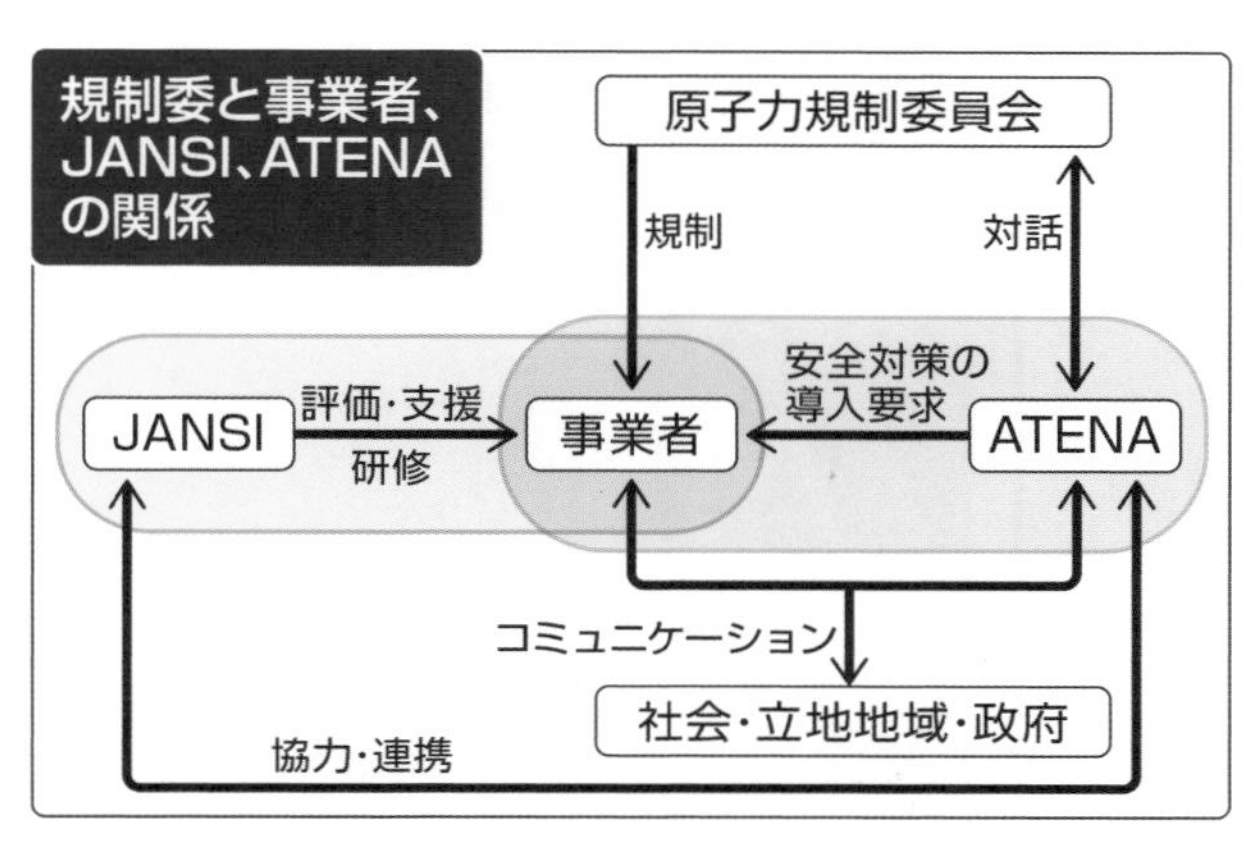

出向者で、その半数以上が原発推進のロビー団体でもある電事連の職員を兼務する。示野は「ＡＴＥＮＡはロビー活動をしない。技術提案も内部で策定する」と独自性を強調する。

原子力事業者や関連メーカー約１３０社が参加する原子力安全推進協会（ＪＡＮＳＩ＝ジャンシ）も、原発事故の反省を踏まえて12年11月に発足した業界の自主規制組織。前身の日本原子力技術協会より独立性を強めて再出発した。

安全性に関する各原発の個別評価と、それらを順位付けする総合評価の実施が活動の核だ。総合評価結果は電力各社の社長らの間で情報共有し、表彰制度も設け競争意識を刺激する。どちらの評価結果も「事業者と本音で議論し質の高い評価を行うには守秘性が必須条件」（ＪＡＮＳＩ）として外部に公表しない。

東北電は13年５月に東通原発（青森県東通村）の個別評価を受けた。東北電は緊急時の電源対応などが良好例とされた結果の骨子を独自に発表。担当者は「事業者としては良い評価は公表したくなる」と話す。

原子力業界は、自律した姿を示し、原発事故で地に落ちた信頼を取り戻そうと躍起だ。さなかに「身内」が水を差した。

19年秋に発覚した関西電力役員らの金品受領問題。ATENAとJANSIの双方で理事を務めた同社の元副社長も原発立地自治体関係者らから1億円超の金品を受け取ったことが判明した。大半は原発事故後のやり取りだった。

ATENAと電気事業連合会が同じフロアに入居する経団連会館。安全組織の独り立ちが望まれる＝東京・大手町

「信頼回復が最もベースになる」。18年3月、原発政策を巡る国の会議でそう発言していた元副社長。回復への道のりは険しい。

旧弊

もたれ合い 役人再就職

２０２０年９月下旬、宮城県環境生活部の元幹部は、東北電力への再就職を問う記者に、ためらいがちに語り始めた。

「(県ＯＢが）順番で行っていたので、いずれ行くと思っていた」「(東北電で何をしていたか）答えられない仕事もある」

元幹部は県庁退職後、県の外郭団体で２年間勤め、11年４月から東北電に４年間在籍した。「答えられない仕事」以外の業務は「年１回の新人研修の手伝いや、東北電が県に陳情や要請に行く際の調整」と説明した。

東北電への再就職は東京電力福島第１原発事故の直後。電源立地部に配属されたが、入社前は「原発に無関係の部署だと思っていた」という。

県ＯＢが東北電に再就職する慣例は、元幹部を最後に途絶えた。原発事故を受け、県庁内で電力会社への再就職に疑問の声が出たためだ。

始まりは女川原発1号機（宮城県女川町、石巻市）の運転開始から5年後の１９８９年。保健環境部、組織改編後は環境生活部の技術畑トップが代々引き継いだ。別の元幹部は「東北電の依頼で人を紹介する建前だが、実際は県が持ち掛けて受け入れてもらっていた」と明かす。

県は規制機関ではないが独自に原発を監視し、稼働の可否に大きな発言力がある。原子力安全対策課を所管する環境生活部は、その中核を担う。東北電が県ＯＢの再就職先であることが原発の監視や安全確認に影響したかどうかを問うと、２人の元幹部は「なかった」と口をそろえた。

東北で原子力施設が立地する青森、宮城、福島3県で、電力業界への再就職が目立つのは青森だ。県が毎年公表する退職職員（課長級以上）の再就職状況によると、２０１９年度までの10年間は毎年、該当者がいた。再就職先は原子力事業者や電力関連会社、原子力推進団体で、計20人以上に上る。

他の2県は過去5年で福島の1人のみ。青森県人事課は「退職者の再就職に県は関与していない。再就職先と職員本人のやりとりの結果だ」と説明する。

各県とも2回目以降の再就職は公表の対象外。職員が外郭団体などに再就職した後、電力業界に移る「迂回（うかい）」の実態は不明だ。

過去5年間の電力関連会社・団体への再就職例（東北・新潟）

	元職	再就職先	地位
国家公務員	警察大学校長	東北電力	顧問
	山形県警刑事部長	東北電力	調査役
	岩手県警刑事部長	東北電力	岩手支店調査役
	秋田県警警備部長	東北電力	秋田支店調査役
	新潟県警刑事部長	東北電力	新潟支店調査役
	青森県警八戸署長	電源開発	大間現地本部青森事務所調査役
	経産省大臣官房付	東北電気保安協会	専務理事
	室蘭海上保安部長	東京電力	柏崎刈羽原発次長
	名古屋税関豊橋税関支署長	東北電力	原町火発調査役
	山形森林管理署長	東北電力	福島支店調査役
地方公務員	青森県エネルギー総合対策局長	六ケ所原燃警備	社長
	青森県労働委員会事務局次長	電源開発	大間現地本部青森事務所調査役
	青森県危機管理局参事	東北エネルギー懇談会	青森事務所長
	青森県中南地域県民局長	日本原燃	青森地域共生本社嘱託
	福島県監査委員事務局次長	東北電力	福島支店調査役

国家公務員は地方公務員以上に電力業界からの引き合いが多い。政府が毎年度公表する管理職員（おおむね課長級以上）の再就職先には、大手電力各社や関連会社・団体が名を連ねる。

東北電には15～19年度の5年間に12人が再就職し、関連会社や人的結び付きの強い団体にも6人が採用された。計18人の出身官庁は国家公務員扱いとなる各県警の警視正以上など警察が11人、経済産業省4人、林野庁、海上保安庁、財務省（税関）が各1人だった。

原発事故後、電力業界を巡る環境が大きく変わる中、公務員ＯＢの採用は旧来の姿を残す。東北電は「発送電や燃料調達、事業用地取得など多岐にわたる事業を法令順守で円滑に実施するには、専門分野に高い見識を持つ人の助言が必要だ」と強調する。

第3章　共生の宿命

原発立地のリスクが極限まであらわになった福島の事故。誘致の恩恵はどう変わり、住民は共存の先に何を見据えるのか。原発や核燃サイクル施設を抱える地域のいまを追う。

福島・浜通り

新たな歴史 自分たちで

東京電力福島第1原発事故から9年8カ月。家々は無人の時を刻んで朽ちた。

第1原発が立地し、今も住民避難が続く福島県双葉町。2020年10月中旬、働く拠点として町が北東部に整備中の産業団地で、道路舗装材などを製造する「双葉中央アスコン」に解体建築物の廃材処理施設が完成した。

工場は地元業者と東京資本の企業の共同事業体が19年12月から運営する。「もう一度。ここからだ」。完成を心待ちにしていた所長の添田彰(70)は気持ちを奮い立たせる。

「双葉地域は、ようやく日の当たる時を迎えた」。1975年3月、町議会の施政方針で町長の田中清太郎(当時、故人)は高らかに宣言した。原発建設が進み、町は恩恵に沸いていた。

74年に原発立地自治体の振興が目的の電源3法交付金制度が創設され、町の歳入は原発の固定資産税と合わせて一気に膨らんだ。財政が潤い、79年に地方交付税の不交付団体となった。

農業が基幹産業だった町の戦後は貧しく、出稼ぎが当たり前の日陰の時代だった。東京など大都市圏の高度経済成長と逆行するように町の人口は減った。田中は国策の原発との共生に郷里の発展を懸けた。

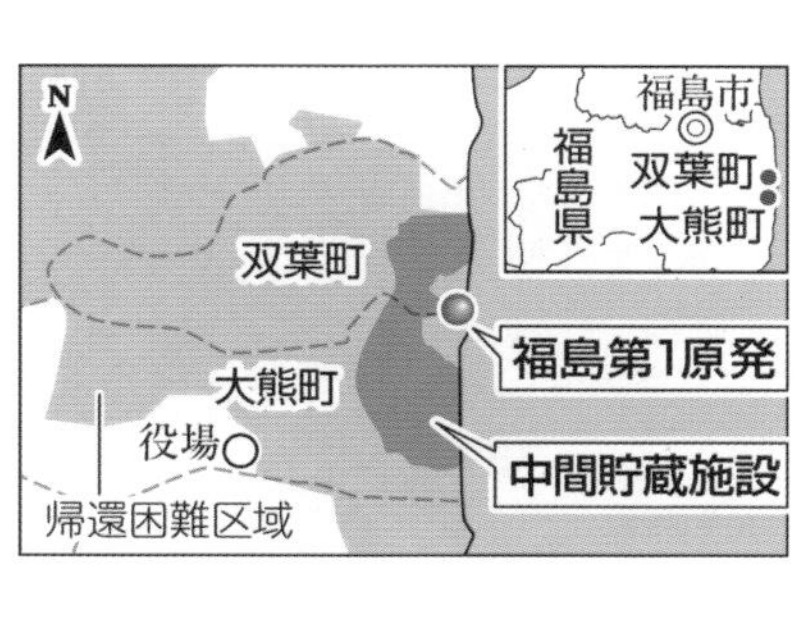

添田は80年、町内の建設会社に入り、休みなく働いた。自らの手で町内の土の道路にアスファルトを敷き、町じゅうに下水道を通した。原発のおかげでモダンな家々や豪勢な公共施設が立ち並び、近代化する町が誇らしかった。

史上最悪級の原発事故が全てを奪い、一変させた。町内最大のランドマーク（目印）は除染廃棄物の広大な中間貯蔵施設になった。

町は、帰還困難区域に整備する特定復興再生拠点（復興拠点）で2022年春の居住再開を目指すが、町民7000人の3分の2近くは「戻

明かりがともる福島県大熊町大河原地区と福島第１原発（左奥）。地域再生も廃炉作業も緒に就いたばかりだ＝2020年11月9日

らない」と決めた。

「国策との共生」とは結局、何だったのか。添田は「便利な暮らしと引き換えに、原発の安全神話づくりに加担するものでしかなかった」と自嘲気味に語る。

宵闇が帰還困難区域を青黒く染める頃、双葉町とともに第1原発が立地する大熊町の大川原地区に白やオレンジの明かりが点々と現れる。同地区など町の一部で避難指示が解除されて20年11月で1年7カ月が過ぎた。

地区に住む町職員佐藤由香(30)は19年5月、避難先の会津若松市から帰還した。入庁は原発事故直後の11年4月。町民が避難する田村市総合体育館に初出勤し、右往左往した。

いら立つ町民に怒鳴られ、体育館の床布団で泣いた。「それでも大熊が好き。私の歴史の全てがある場所だから」。必ず町に戻ると誓い、めげずに働いた。

19年10月から地区の近況を紹介する手書きの情報紙「大川原ライフ」の制作を同僚と手掛ける。1周年号では地区で野良猫を見掛けた話をつづった。人の暮らしが戻った証しに思え、一筆一筆に心を込めた。

20年11月1日現在の帰還住民は275人。全町民1万人の3％足らずだが、悲観はしない。「大熊は先人が開墾して生まれた場所。昔の人にできて、私たちにできないはずがない」

佐藤は「新しい大熊」を切り開く。

国策依存 かつての残像

重機がうなる。配管をむき出しにした最新鋭のプラントがそびえる。

廃炉が決まった東京電力福島第2原発が立地する福島県楢葉町の産業団地で、国内初の水酸化リチウム製造販売会社「豊通リチウム」の工場建設が進む。豊田通商（名古屋市）の関連会社で、製品は電気自動車などの電池の材料になる。

町は東電福島第1原発事故で全町避難したが、2015年9月に全域で避難指示が解除された。20年10月末の町内居住者は4036人で、事故前の半分まで戻った。

「住民帰還と先行企業の進出で生活や物流のインフラ整備が加速している。町からの強いラブコールやサポート体制も安心材料だった」。豊通リチウム取締役の田形拓郎が楢葉進出の理由を説明する。

工場の設備などの保守点検を担える技術者は全国的に不足気味で、人材確保が課題。原発メンテナンスで技術を培った地元企業と連携できるのではないか―との目算もあった。

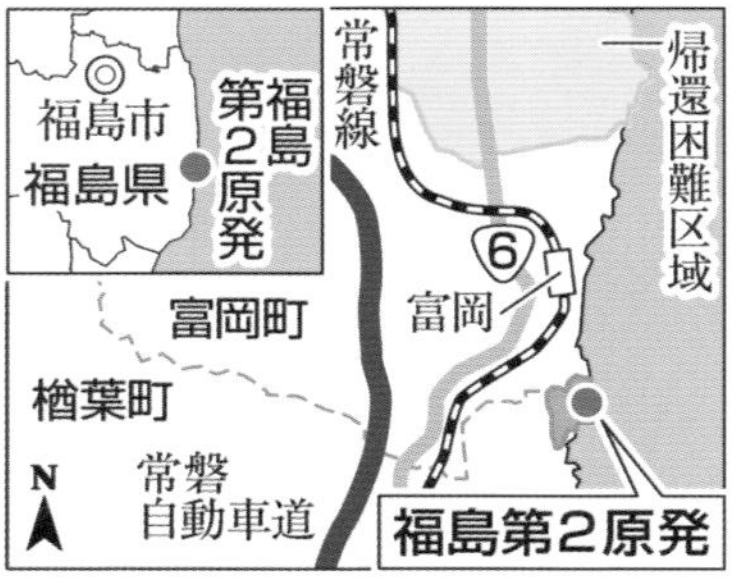

工場は原発被災地に新たな産業基盤を築く国家プロジェクト「福島イノベーション・コースト構想」に参画し、国から補助金30億円を受ける。集まった事業者は延べ360を超え、被災自治体間で引き合いが過熱した。

国策による復興に存亡を懸ける自治体の姿は、豊かさを求めて国策民営の原発を誘致したかつての残像と重なる。

楢葉から1年7カ月遅れて、17年4月に避難指示が一部を除き解除

新築の集合住宅と原発事故後に生まれた空き地が混在する福島県富岡町中心部。作業員向け住居の需要増で地価上昇が続く＝2020年11月9日

された富岡町は「作業員の町」に様変わりした。大熊、双葉両町に立地する第１原発に加え、楢葉、富岡両町にまたがる第２原発でも今後数十年続く廃炉作業。従事者らが数多く滞在する。

20年10月末時点で富岡に住民票のある居住者は１５４９人。一方、住民票なしで暮らす作業員は２０００人以上とみられる。事故前に１万６０００人が生活した面影はなく、空き地と単身用の集合住宅が目立つ。

河北新報社が建築確認申請を集計したところ、17年４月以降に富岡で新築された集合住宅は少なくとも１３１棟に上る。うち80棟は個人所有で、解体した個人住宅の跡地にアパートや長屋が建った。

帰還意思のない避難住民に、作業員の住宅ニーズを捉えた大手ハウスメーカーがアパート建築などを持ち掛けた結果だ。低い帰還率に悩む町は「新たな人口の流入は好ましい話」（都市整備課）と受け止める。

「原発が生む雇用。それが全て」。町内で不動産仲介業を営む新妻邦夫（50）は乱立する集合住宅に、事故後も原発の存在が頼りの町の現実を見ている。

大熊町出身で、自宅は同町の帰還困難区域にある。原発事故前に大熊でアパートを建てた縁で業者に誘われ、19年1月に富岡で会社を起こした。

事故への恨みは避難生活の中で薄れた。初めて町外で暮らし、当たり前と思っていた大熊の住民サービスの充実ぶりを思い知った。

「大熊の暮らしは良かった。でも、それは原発のおかげだった」。新妻は郷里を奪われた憤りをのみ込む。

宮城・女川

「ダブル恩恵」に熱視線

廃炉と再稼働。疲弊する経済の再興を狙う港町が、東北電力女川原発（宮城県女川町、石巻市）で進む二つの工程に熱視線を注ぐ。

２０２０年10月末、女川町の商工業者の事務所。打ち合わせの合間に現れた社長が声を潜めた。「廃炉だけで少なくても１０００人が携わるようだ。膨大な金が動くビッグウエーブが来る」

女川１号機の廃炉作業は東北電が20年７月に着手した。34年を要し、２０５３年度の完了を見込む。一方、２号機は宮城県知事村井嘉浩らによる地元同意手続きが20年11月18日に完了。安全対策工事が終わる22年度以降の再稼働へ大きく前進した。

工事に必要な資機材に加え、多くの作業員が駆り出されることで食事や生活用品、果ては夜の飲食までが地元で賄われる。再稼働に向けた作業に就くのは「千数百人」（東北電）。廃炉の要員は明らかにされていないが、町民の間ではその数を巡る観測が飛び交う。

「千人規模の作業員が長期滞在してくれるはず。民宿や飲食店もかつてのにぎわいを取り戻すだろう」。女川商工事業協同組合理事長の木村征一（79）は廃炉と再稼働の「ダブル恩恵」に期待を寄せる。

女川原発との共存共栄を図る組合は１９７９年12月の設立。本格着工を見据え、町内業者が結束して立ち上げた。現在は89社が加盟。食品部、購買部、石油などを供給する資材部、タクシー会社を含む総務部の４部門が、原発側からの注文を一手に引き受ける。

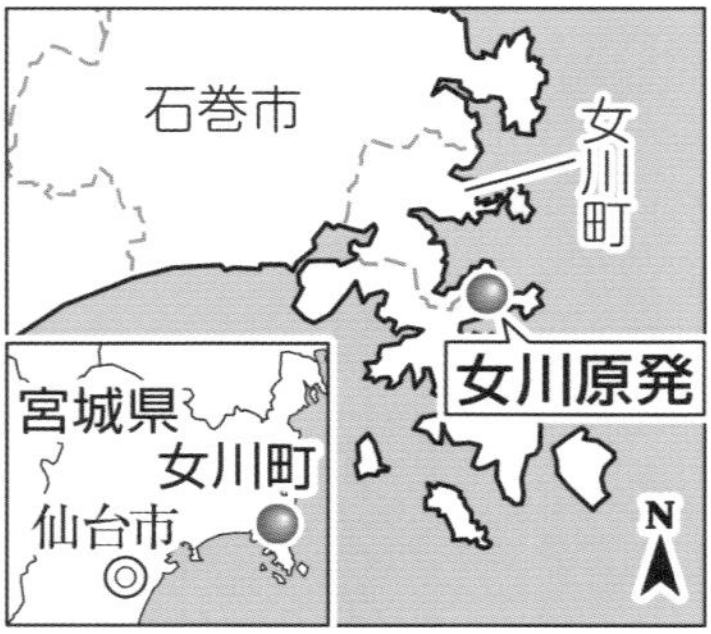

地元業者が組合を組織し、電力会社に利益を求める仕組みはその後、「女川方式」として全国の原発立地地域に広がった。

組合の年間取引額は１号機の原子炉建設時に10億円を超え、当時の町予算の４割に上った。だが、原発が東日本大震災で被災し、運転を停止した後は減少。２０１１年度は７億９０００万円、12年度は３億９０００万円にとどまった。

地元商工業者は震災の復興事業に活路を求めたが、10年目の20年は関連工事がほぼ収束。新型コロナウイルス禍にも見舞われる中、

女川原発からの注文に応じ、弁当容器にご飯やおかずを詰める女性ら＝２０２０年10月下旬、宮城県女川町のすずきや

地元は経済浮上の突破口を原発に委ねた。町内の容認派からは早くも、残る3号機の再稼働を待ち望む声が上がる。

震災で止まっていた針が動きだし、再び原発依存を強めていく町の現状を冷静に見る向きもある。

「通常の運転と異なり、廃炉や再稼働の作業はイレギュラーなもの。想定外の仕事を得られているにすぎない」。原発作業員向けの弁当を販売する女川町の「すずきや」代表の鈴木雅之(65)は淡々と語る。

平日に作る弁当は４００円前後。4種類、３００個以上を家族3人とアルバイト数人で用意し、車で約40分かけて原発に届ける。

鈴木は「3号機まで再稼働すれば作業員が去り、仕事（弁当販売）は大きく落ち込む。東北電は地元に新たな配慮を示す必要が出てくる」と注文する。

2、3号機の再稼働が実現しても将来は廃炉が待ち受け、原発城下町として得られる実利が消える。その先をどうするか。町の針路を巡る議論は、今のところ起きる気配がない。

青森・六ヶ所

5 核燃頼み 将来に不安も

原生林と牧草地が広がる台地のあちこちで、林立する白い風車と地面を覆うパネル群が目に飛び込む。

核燃料サイクル施設が集中立地し、日本の原子力政策を支える青森県六ケ所村は、国内有数の再生可能エネルギー発電拠点でもある。東京電力福島第1原発事故後、風力発電と太陽光発電の導入が飛躍的に進んだ。

再エネは原子力よりイメージが良く、菅義偉政権が掲げる「脱炭素社会」にも合致する。村はバイオマスなど他の電源も含めて農林水産業や観光産業などに生かし「村民の誇りとなるような『新エネルギーのまち』を目指す」と意気込む。

ただ、村内の再エネ事業者は資金力に富む県外資本が大半だ。雇用や税収の規模は原子力事業に比べはるかに小さく、村の財政と経済は依然、核燃料サイクル頼みが続く。

中核施設の日本原燃使用済み核燃料再処理工場は７月、原子力規制委員会の新規制基準適合性審査に合格した。同じ敷地にあるウラン・プルトニウム混合酸化物（ＭＯＸ）燃料加工工場も近く合格の見通し。稼働に向けて集う多くの作業員らで、村内六つの宿泊施設は満室が常態化している。

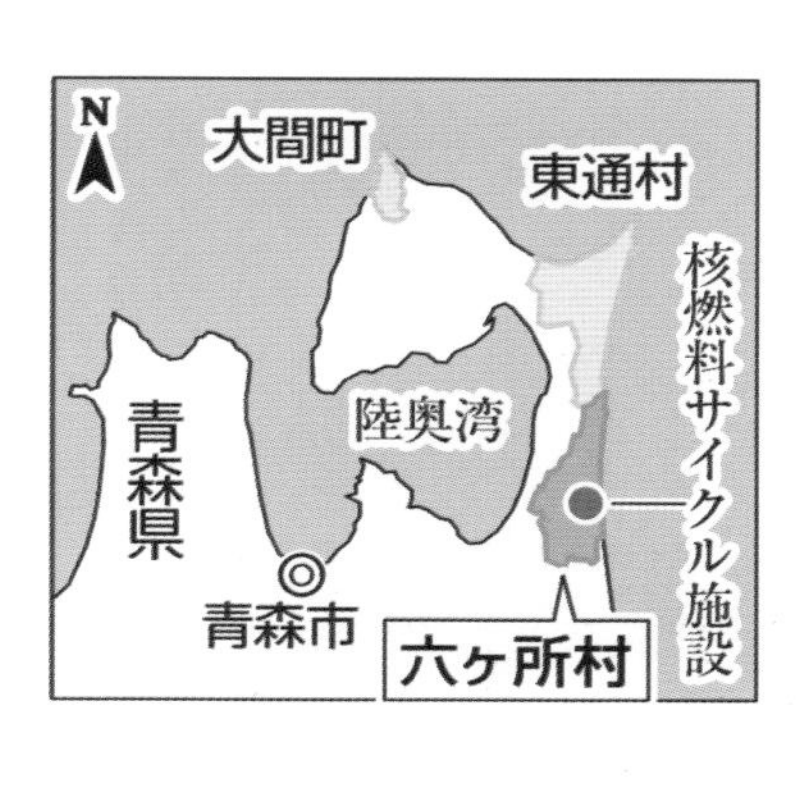

「平均１、２カ月、長期は丸３年という人もいる。新型コロナウイルスの影響もないに等しかった」。２０１６年秋に開業したビジネス旅館「俺の宿」の支配人山本勇一（56）は、作業員らの「上客」ぶりを説明する。
15年国勢調査によると、村の就業者の割合は製造業が23％（県全体10・２％）、建設業が15・１％（９・５％）、サービス業が10・４％（５・８％）。村がサイクル関連が中心とみる産業の比率が目立って高い。

青森県六ケ所村内で設置が進む太陽光発電のパネル群。後方に再処理工場の排気塔が見える＝2020年12月4日

再処理工場は稼働後も膨大なメンテナンスが必要で「工場がある限り、村内から作業員がいなくなることはない」（山本）と多くの住民は考えている。半面、6年半の長きにわたる再処理工場の安全審査は、サイクル事業の将来と、運営する原燃に対する不安や不満も抱かせた。

村内では、40年間とされる再処理工場の操業期間後を見据える人も増えている。村議の寺下和光(68)は村内で進境著しい再エネと、かつて村の主産業だった農業や酪農に着目する。

「村には広大な土地が残り、遊休農地も多い。村が再エネ事業者となり、雇用の受け皿にもなる農業を支援してブランド化を目指すなど稼げるようにすべきだ」と寺下。「将来の財源を確保できるかどうかは、電源三法交付金で財源のある今にかかっている」と危機感は強い。

村商工会長の種市治雄（54）も「今後は国策と言われるような大きな事業の誘致は期待できないし、期待すべきでない。今のうちに新しい種をまいておかないと芽吹かない」と話す。

操業を終えたサイクル施設の廃止措置には長い年月と多くの人手を要し、村とのつながりは続く。それでも種市は「生産性のないもの（廃止措置）は共生関係に値しない」と操業終了後への過度な期待を戒める。

青森・大間

マグロの町 揺れる思い

東京電力福島第１原発事故後、本格工事が止まったままの電源開発大間原発（青森県大間町）に目もくれず、マグロ漁船が沖に向かう。

「原発のことを気にしている余裕なんてない。海しか見てない」。マグロ漁師の南芳和（35）が言い放つ。弟の竜平（27）と「第38晴芳丸」に乗る。

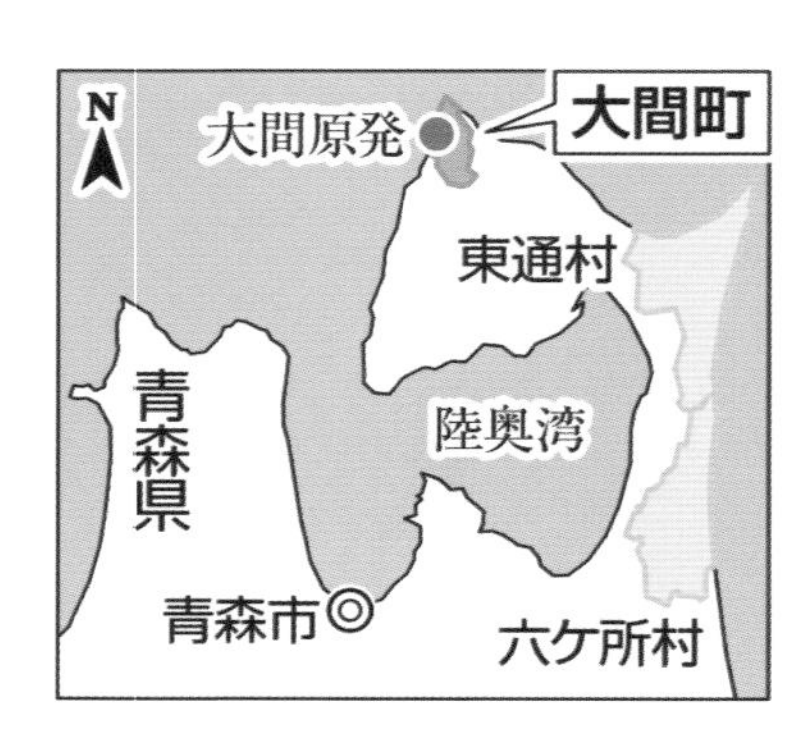

２０１８年に始まったクロマグロの漁獲量規制で、大間漁師らは苦境にある。厳しい環境の中、自らの水揚げ高をいかに増やすか、他の漁師が釣れない時にどれだけ釣るかが生活を左右する。

「原発で事故があった時に困るのは自分たち。何十年も前に決まった（原発建設に伴う）漁業補償では一銭ももらっていない。風評で魚価が下がれば致命的になる」。芳和は建設に反対しないまでも、不安な気持ちがくすぶる。

町は１９８４年、大間原発の誘致を決めた。漁業補償交渉が始まった時期は、マグロが釣れなかった時期と偶然重なった。

大間原発はプルトニウム利用を進めたい国の意向もあり、当初は濃縮ウランが燃料の軽水炉ではなく、ウラン・プルトニウム混合酸化物（ＭＯＸ）燃料も使える新型転換炉の予定だった。85年の計画決定後、毎年のように着工時期が延期された揚げ句、95年にコスト高を理由に中止された。

代わりに全炉心でＭＯＸ燃料が使える現在の原発計画が策定されたが、08年の着工以来、運転開始目標は６回の延期を重ね、当初計画と似た道筋をたどる。

建設中の大間原発の前を通り漁場に向かうマグロ漁船＝2020年10月中旬、青森県大間町奥戸（おこっぺ）

「原発は『いつかできる』から『もしかしてできないんじゃないか』に変わってきた」。東京などで会社員生活を送り、1998年にUターンして町おこしに携わる島康子(55)が町内の雰囲気を代弁する。

帰郷したばかりの頃、島が見た町は、原発だけに頼る「一本足」に思えた。「自分たちで立つためにはもう1本、足が要る」。マグロ関連商品の物販や解体ショーが楽しめる祭り、マグロ漁ウオッチングツアーなど町の魅力づくりに力を入れた。

「大間のマグロ」は今や誰もが知る全国ブランド。特にこの10年、東京での初競りで3億3360万円（2019年）といった超高値での落札が続き、町は青森県内有数の観光地に数えられるようになった。

島は「原発の補助金に頼ってばかりだと自分たち

で考えなくなる。住民が頭を使い、誇れるような『原発の町づくり』ができるならそれでいい」と話す。

原発誘致決定から36年。当時の町長や漁協組合長、推進の先頭に立った県議らは他界し、電源開発は国策会社から民間会社に変わった。原発から最短で23キロに位置する北海道函館市は建設中止を求める訴訟の原告となり審理が続く。「原発の夢」は、すっかり色あせた。

町議会議長の石戸秀雄(71)は誘致前の79年から町議を務め、町の浮沈を見続けてきた。「原発計画が駄目になっても国策に協力していれば、次世代エネルギーなど次の国策に選ばれるはずだ」と、自らに言い聞かせるように語る。

青森・東通

5 狂った計算 耐える日々

東京電力福島第1原発から約430キロ離れた本州最果ての村が、原発事故の「被害」

にあえぐ。

青森県東通村はこの10年近く、東電東通原発の新設工事と東北電力東通原発の運転が止まり、財政と経済が危機に面している。

村の２０１７年度決算は歳入不足が１億円近くになる見込みだった。村が頼ったのは「原子力ムラ」だ。

村の中心部づくりのため田地や原野に整備した宅地「ひとみの里」の一部を、東北電に１億円で売却した。村の担当者は「赤字決算をぎりぎりのところで逃れた」と振り返る。

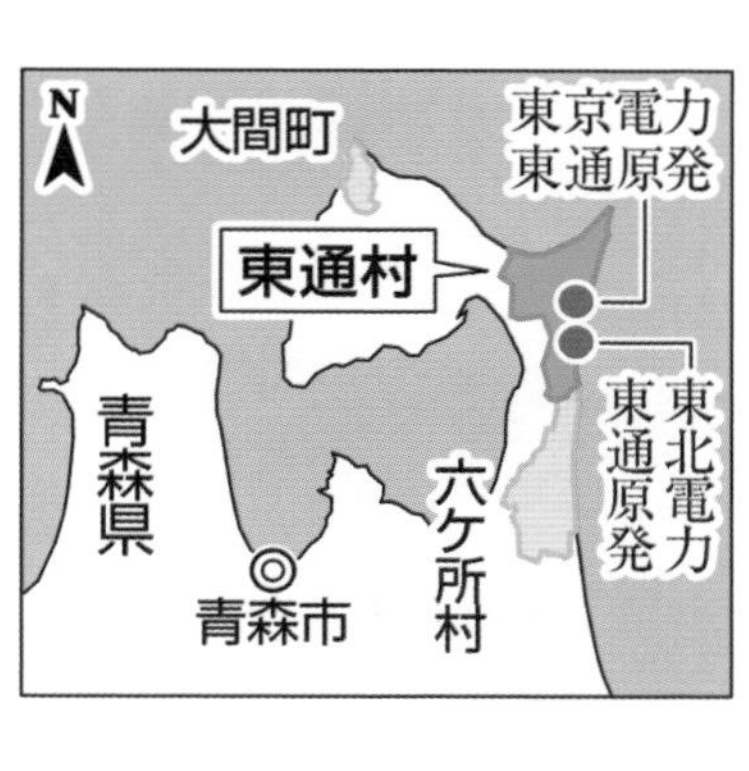

原発事故前は１００億円ほどだった村の予算規模は12年度以降、原発建設を当て込んだ起債ができなくなったため60億～80億円まで大幅に縮小した。それでも綱渡りの財政運営が続く。
18、19年度は企業版ふるさと納税で東電、東北電が各４億円、計８億円を寄付して村財政を助けた。
19～21年度は国の電源立地地域対策交付金のうち、東電原発分の長期発展対策交付金から計10億円を特例で受け取る。本来は発電所が営業運転を始めた翌年度から廃炉までの期間で受け取る交付金を

原発工事の長期低迷で整備が道半ばの住宅地「ひとみの里」。青森県東通村役場（奥右）に隣接する＝２０２０年10月下旬

前借りした形で、全国的にも珍しい。

東電は17年3月の運転開始を目指して11年1月に着工したが、原発事故によりわずか2カ月で工事が中断した。村経営企画課は「原発完成後の18年度に約50億円の固定資産税収があることが、財政運営の前提になっていた」と説明する。

東通原発について東電は17年、自社単独開発から共同事業者を募る開発に方針転換した。現在も「（共同事業の）検討を継続している状況」（東電）で、早期の工事再開は見込めない状況だ。

原子力施設が集中する青森県下北半島の立地市町村の中で、村の経済の落ち込みは著しい。県によると、事故前の10年度と最新の16年度を比較した市町村内総生産の増減率はむつ市のマイナス2・5％、大間町の同7・7％に対し、東通村は同60・2％と群を抜く。

「宿泊者がゼロの日が何日も続いた。他の仕事をしたり、蓄えを切り崩したりして何とかしのいできた」

原発作業員向けの旅館を家族で経営する南川大(28)が苦境を明かす。この10年間に近所のコンビニやガソリンスタンド、弁当店、建設会社が次々とつぶれた。「原発の再稼働や工事再開までの辛抱」との思いで耐えている。

東北電東通原発の再稼働に向けた道のりも険しい。14年6月に新規制基準適合性審査を原子力規制委員会に申請したが、敷地内外の断層の評価が定まらず審査が長期化している。

東北電の経営環境も変わった。16年に電力小売りの完全自由化が始まり、東通原発の建設費を折半するなど協力関係にあった東電は今や電力販売のライバル。発電量の半分を東電に融通する契約がある東通原発には「『お荷物』になりかねない」(東北電社員)との声も漏れる。

原発推進を切望する東通村の姿は、同村尻屋崎で冬も放牧され、風雪に耐えて春を待つ寒立馬(かんだちめ)と重なる。

福井・敦賀

夢の炉に幕 次の道模索

切り立つ半島の隅で「夢の原子炉」が眠る。福井県敦賀市白木地区にある日本原子力研究開発機構の高速増殖原型炉「もんじゅ」。相次ぐ事故やトラブルで満足に稼働できず、2016年12月に廃炉が決まった。

「ちゃんと動かして、見返してやりたかった」。元機構職員で地区住民の坂本勉(65)は唇をかむ。15年に定年退職するまでの8年間、もんじゅの保守管理を担当。国策への貢献を誇りに生きてきた。

高速増殖炉は使用済み核燃料を再処理し取り出したプルトニウムとウランの混合酸化物(MOX)燃料を使い、発電しながら消費した以上の燃料を生み出す。もんじゅは青森県六ケ所村の再処理工場とともに、準国産エネルギー資源確立のための要だった。

投じられた国費は1兆円超。東京電力福島第1原発事故で原子力を巡る環境が一変し、もんじゅは成果の上がらない「負債」とみなされた。初臨界から22年、あっけない幕切れだった。廃炉決定の際、白木地区の住民は蚊帳の外だった。「当時は気持ちが荒れたが、もう過ぎたこと。今後は後始末が大事だ」。坂本は静かに語る。

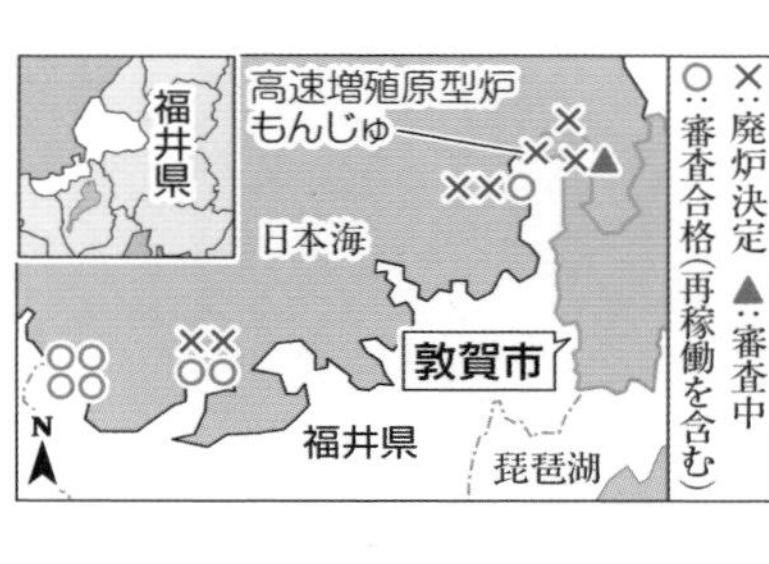

「原発銀座」と呼ばれる福井県南部の嶺南地方には敦賀など４市町に計15基の原発が軒を連ねる。福島事故後の新規制基準への対応に費用がかさみ、もんじゅなど採算性の低い７基は廃炉が決定。少しずつ「店じまい」が進む。

県が２０２０年３月にまとめた地域振興計画は廃炉産業の育成が柱の一つだが、課題は想像以上に多い。一般的な原発の廃炉費用は数百億円。作業に20～30年かかるため、年単位で費用を割ると大手の下請けに入る地元企業は薄利だ。特殊な構造のもんじゅの廃炉費用は30年で３７５０億円に上るが、必要な設備投資や人材教育の面で地元企業参画のハードルは高い。

福島事故後の敦賀市は、原発の長期運転停止などで多くの作業員らが去った。20年９月末の人口は約６万５０００人で、11年当時から４０００人減った。「廃炉産業は大事だが、どこも人手不足で準備に手を回す余裕がない」。敦賀商工会議所常務理事の伊藤敬一(47)は事故後、原子力に愛憎相半ばする地元の雰囲気を感じている。

廃炉作業中の「もんじゅ」。国は敷地内で試験研究炉を新設する方針だが、地元の熱意は冷めつつある＝福井県敦賀市

原発頼みだった地域経済は疲弊し、底打ち状態が続く。伊藤は「今からでも、もんじゅを動かしてほしい」と半ば本気で思う。

多くの市民が国策を応援し、外野からの批判と風評に耐えてきた。「しっかり実績を残し、原子力を誇りに思ってきた地元に報いてほしかった」と残念がる。

数年内に予定される北陸新幹線の金沢―敦賀延伸開業を控え、手薄だった観光産業に地域の新たな道を見いだそうとする人もいる。

敦賀半島で観光民宿を営む山本敬子(47)は「原子力施設が多い青森も新幹線開業で観光が潤ったと聞く。敦賀も工夫次第で成功できるはず」と信じる。

原発と共に生きる時代は過ぎ去ったと感じている。「ありのままの敦賀から魅力を掘り起こしていけばいい」と今後を見据える。

特集

核のごみ最終処分地

東北・新潟アンケート

原発から出る高レベル放射性廃棄物（核のごみ）の最終処分地選定を巡り、東北電力管内の7県のうち、宮城と秋田を除く5県が処分地受け入れに反対していることが河北新報社のアンケートで分かった。宮城は「回答できない」、秋田は「判断できない」と明示せず、最終処分問題に対する温度差も浮き彫りになった。

5県、受け入れ反対／宮城・秋田、明示せず

7県のうち青森、宮城、福島、新潟の4県は原発など原子力施設が立地する。最終処分地の受け入れについて、核燃料サイクル施設が集中する青森は「国から『最終処分地にしない』と確約を得ている」と回答。東京電力福島第1原発事故に見舞われた福島は「あり得ない」と答えた。

新潟は「既に原発を抱えている。新たに高レベル廃棄物の問題を背負い込むことは、

県民感情からしても受け入れられない」と県が置かれた状況を説明した。

原発事故の避難者を最大約1万3000人受け入れた山形は「避難者を今も受け入れており、風評被害も払拭されてない」と反対する理由を挙げた。

最終処分地選定の第1段階となる文献調査に県内市町村が応募の意向を示した場合、賛否の意思表示をするかどうかも尋ねた。岩手と山形は「反対する」と姿勢を明示し、宮城は「仮定の質問で回答できない」とした。秋田は「判断できない」、新潟は「決まっていない」だった。

7県とも、受け入れを拒否する県条例の制定に向けた検討や準備は現時点でないとした。

最終処分地を決定すべき時期については、高レベル廃棄物を県内で一時保管している青森だけが「できるだけ早い時期」を選択。その他の県は「国の責任で判断し、決定すべきだ」という趣旨の自由回答を寄せた。日本学術会議が提言している「暫定保管期間を設け、国民の合意形成を図った後」を選んだ県はなかった。

最終処分地選定では20年10月、北海道の寿都町が文献調査に応募、神恵内村が国からの調査申し入れを受諾し、2町村で同年11月に文献調査が始まった。道は2000年に「道内への高レベル廃棄物の持ち込みは受け入れ難い」と宣言する条例を制定している。

アンケートは20年11月上旬〜12月上旬、東北6県と新潟県に同一様式の調査票を送付。7県から回答を得た。

高レベル放射性廃棄物

原発の使用済み核燃料からウランとプルトニウムを取り出すために再処理した際に出る廃液や、廃液にガラスを混ぜてステンレス容器内で固めた物（ガラス固化体）。「核のごみ」と呼ばれる。数万年にわたり強い放射線を出すため、地下300メートルより深い地層に埋設処分する。国内の最終処分地は未定。再処理しない米国やフィンランドなどでは使用済み燃料自体が高レベル廃棄物となり、地層に直接処分する計画を進めている。

5 関心度 濃淡あらわ／岩手 根強い警戒感

高レベル放射性廃棄物（核のごみ）の最終処分地選定を巡る河北新報社のアンケートでは、国の積極姿勢を求める意見が目立つ一方、一部の県には最終処分問題への関心の低さがうかがわれた。処分地選定という国民的課題の解決には、全国知事会などを通じた都道府県の理解促進活動が急務だ。

東北6県と新潟県の中で岩手県、特に沿岸部の警戒感は根強い。国が処分適地を色分けして2017年に公表した「科学的特性マップ」で、県の沿岸部全域が最適地とされた。釜石、宮古両市が20年6月、岩泉町と普代村、野田村が同年12月に、それぞれ核のごみの持ち込みを拒否する条例を制定した。

議員提案で条例を制定した宮古市議会の市議熊坂伸子は「青森県六ケ所村の使用済み核燃料再処理工場から海に放出される排水を懸念する自治体が多く、拒否反応が強い。科学的特性マップで市民に危機感が広がった」と説明する。

過去に処分地選定を担った旧動力炉・核燃料開発事業団（現・日本原子力研究開発機構）が1980年代、北上山地の沿岸部を秘密裏に調査していたことも不信感の背景にある。

旧動燃は福島県の阿武隈高原の沿岸域も集中的に調査し

高レベル廃棄物最終処分に関する各県からの回答（一部）

	最終処分場受け入れ	拒否条例を制定した市町村	文献調査に市町村が意欲を示した場合
青森	受け入れない	なし	最終処分地にしない確約を得ている
岩手	受け入れない	釜石市、宮古市	反対する
宮城	回答できない	把握していない	仮定の質問で回答できない
秋田	判断できない	確認していない	判断できない
山形	受け入れない	なし	反対する
福島	あり得ない	なし	福島ではあり得ない
新潟	受け入れない	承知していない	決まっていない

※宮城県大郷町が2008年に制定した拒否条例は高レベル廃棄物も対象
※岩手県は回答後に岩泉町、普代村、野田村が拒否条例を制定

ていた。国は、原発事故で甚大な被害を受けた福島県に配慮する姿勢を示し、「何か負担をお願いする考えはない」（資源エネルギー庁）と処分地選定の対象から除外している。

高レベル廃棄物の一時保管が四半世紀にわたり続く青森県は「青森を最終処分地にしない」との約束を国に繰り返し確認している。

宮城県は東北電力女川原発2号機（宮城県女川町、石巻市）の再稼働への地元同意を国に伝える際、最終処分地選定も要請した。宮城県はアンケートで回答を控える項目が多く、他県に比べて立場を明確にしない姿勢が際立っている。

第4章　ガラスの迷路

賛否の迷路で立ちすくんでいた核のごみの最終処分問題が、北海道から一歩を踏み出した。原子力政策を左右する難問は、原発の恩恵を受けてきた私たちに何を問い掛けているのか。経緯を振り返り、これからを考える。

風穴

核ごみ問題 寿都が一石

北の大地に強い風が吹き抜ける。日本海沿いの長い直線道路脇に大きな風車が並び、真っ白な羽根が青空にまぶしく映える。

北海道渡島半島の付け根近くにある寿都町（すっつ）は「風の街」をうたう。計11基の町営風力発電機は、50億円程度の予算規模の町に年間数億円の収益をもたらす。

人口約２９００の小さな町は２０２０年、原発の高レベル放射性廃棄物（核のごみ）の最終処分問題に大きな風穴を開けた。町内には順風と逆風が吹き乱れている。

「議論の輪を広げたい。全国で10（自治体）くらいは手を挙げてほしい」。10月上旬、

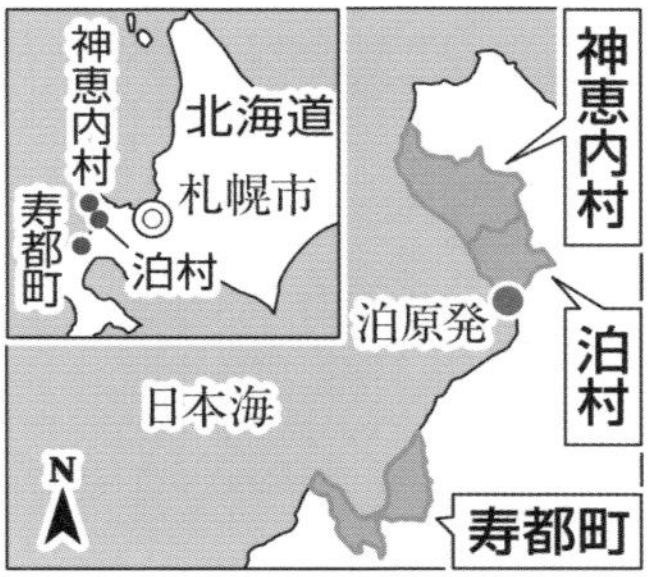

町長の片岡春雄（71）が最終処分地選定に向けた第1段階「文献調査」への応募を正式表明した。直後に近隣の神恵内（かもえない）村も国からの調査申し入れを受諾。「一石を投じる」という片岡の思惑通りに事態が動いた。

使用済み核燃料を再処理した後に出る廃液をガラスで固めてステンレス容器に入れ、地下300メートル以深の岩盤地層に埋める―。国は最終処分の姿をこう描く。

2000年の最終処分法施行後、07年に高知県東洋町が文献調査に応募したが激しい反発に遭い、3カ月で撤回に追い込まれた。20年8月に応募検討を表明した寿都町にも内外から抗議が殺到。町長宅に火炎瓶が投げ込まれるなどしたが、初の文献調査が同年11月、町と神恵内村で始まった。

2町村は約2年間の調査期間中、それぞれ最大20億円の交付金を受け取る。片岡は洋上風力発電計画に投資し、町財源の強化を図る算段だ。新型コロナウイルス禍で町の経済が大きな打撃を受ける中、交付金が魅力的に映ったのは確かだが、片岡は河北新報社の取材に「（北海道）泊村への恩返しの面もある」と意外な理由を明かした。

泊村は寿都町の北東約40キロにあり、北海道電力の泊原発1～3号機を抱える。

片岡によると、町が風力売電を始めた03年以降、送電枠の拡大を北電に再三要望したが断られ続けた。親しかった当時の泊村長に相談すると、北電はすぐに枠を広げた。

「泊に余計なことを言わないでください。（原発立地で）頭が上がらないんですから」。北電の担当者が告げた言葉を、片岡は今も覚えている。

「村長が北電に『助言』してくれたようで、泊にはずっと感謝していた。核のごみ問題が原発政策を滞らせるなら、今こそ義理を果たそうと思った」。首長2人の濃密な人間関係が応募の背景に潜む。

ただ首長によって立場は大きく食い違う。北

北海道寿都町の海岸線に並ぶ風車。町は「核のごみ」をてこに、洋上風力発電整備促進地域の国指定を目指す

海道知事の鈴木直道は、寿都町と神恵内村の応募検討が公になると再考を促し続け、処分地選定の第2段階「概要調査」に反対する意向を表明している。

鈴木が盾にするのは「道内に核のごみは受け入れ難い」とする2000年施行の道条例だ。北部の幌延（ほろのべ）町に日本原子力研究開発機構が運営する地層処分の研究施設があり、道は長年、最終処分地化を警戒してきた。

片岡は言う。「泊原発の交付金は道も受け取っている。原発を容認して核のごみは駄目というのは、筋が通らないのではないか」

胎動

岩盤の島 誘致活動再び

「福島の事故から間もなく10年。そろそろ本格的にやりたい」

2019年秋、長崎県対馬市を訪れた原子力発電環境整備機構（NUMO＝ニューモ）の職員に、市議の小宮教義(65)が告げた。高レベル放射性廃棄物（核のごみ）の最終処分に関する勉強会再開の打診だった。

対馬では03年ごろから、一部の住民が最終処分場の誘致に向けた活動を続けている。強固な岩盤層に覆われた島は適地だとして、過疎が進む島の現状打開の道を処分場建設に託す。

07年に市議会が誘致反対を決議した後も活動は続いたが、東京電力福島第1原発事故で自粛を余儀なくされた。それでも誘致を諦めないのは「このまま人口が減れば対馬は存続できない」（小宮）との強い危機感があるためだ。

１９６０年ごろに7万近かった市の人口は２０２０年、３万を割り込んだ。若者は島を出て戻らず、そうした子らの元に親が身を寄せることで人口減に歯止めが利かなくなっているという。

19年秋のＮＵＭＯとの打ち合わせで、20年5月に予定されていた業界団体の会合で勉強会を再開する段取りを付けた。新型コロナウイルス禍で中止になり、次の機会をうかがっている。

処分場選定を巡り20年10月、北海道の寿都（すっつ）町が第1段階の文献調査に応募し、近隣の神恵内（かもえない）村も国からの調査申し入れを受諾した。２町

旧動燃の調査で地層処分適地の一つとされた地点の山道。島を形作る強固な岩盤がむき出しになっている＝長崎県対馬市

村は誘致のライバルにもなり得るが、小宮は「寿都は英断だと思う。町長宛に激励のメールを送った」と好意的に受け止める。

対馬に原子力関連施設はないが、原子力政策とは以前から浅からぬ縁がある。

１９７０年代半ば、島の中南部の美津島地区が、放射線漏れ事故を起こして母港の大湊港（むつ市）を追われた原子力船むつの新母港の最有力候補地になった。一定の水深があり後背地が広いことで白羽の矢が立ったものの、地元漁民らの反対で実現しなかった。

高レベル放射性廃棄物をガラス固化体にして地層処分するという現在の枠組みが80年に決まると、旧動力炉・核燃料開発事業団（現日本原子力研究開発機構）が処分地選びに向けた広域調査を全国で秘密裏に実施。対馬が適地の一つとされたことが誘致活動の源流にある。

「対馬へのＮＵＭＯの期待を感じる」。誘致活動に関わる地元建設会社の男性役員は言う。３年ほど前にＮＵＭＯ職員から「またお邪魔してもいいですか」と連絡があり、原発事故で中断した地元での対話活動が再開した。

長い間、表だった動きがなかった処分地選定手続きは、寿都町と神恵内村の決断で急加速しつつある。関心を示す自治体は「他にも複数ある」（経済産業相梶山弘志）。２町村が開けたのはパンドラの箱であり、「宝箱」でもある。

「複数の自治体」に対馬は含まれるのか。ＮＵＭＯは「個々のやりとりが公になると臆測を呼び、地域での率直な意見交換や議論を妨げかねない。文献調査実施の意思決定があるまでは個別の回答を控える」と、肯定も否定もしない。

前面

「小泉劇場」政府動かす

核のごみに揺れる町で、元宰相の「劇場」が復活した。

「どこにも処分場の当てがない。（原発を）再稼働すればごみが増える。だから再稼働すべきじゃない」

２０２０年11月3日、北海道寿都（すっつ）町で講演した元首相小泉純一郎が歯切れ良く訴えた。町で行われる核のごみ・高レベル放射性廃棄物の最終処分を巡る文献調査に反対する住民団体が主催した。

小泉はフィンランドの最終処分場視察時の逸話も紹介。「地下４００㍍の壁が所々、水分で染みのように黒い。日本だったら（染みでは済まず）温泉が出る」と聴衆をあおった。

首相時代に原発政策を推進した小泉は東京電力福島第1原発事故後、反原発に転じた。自民党が政権に復帰した後の13年夏ごろから「最終処分場もない原発推進は無責任だ」と、かつて「小泉劇場」と呼ばれた派手な言動を各地で展開。世間の耳目を引いた。

政府は13年12月、最終処分の関係閣僚会議を初めて開いた。官房長官菅義偉（現首相）が「国が前面に立ち、取り組みを進める」と宣言した。

当時は一部の原発で原子力規制委員会による新規制基準適合性審査が進んでいた。最終処分問題が再稼働を妨げることを政府は恐れた。核のごみという難題への政府一丸を

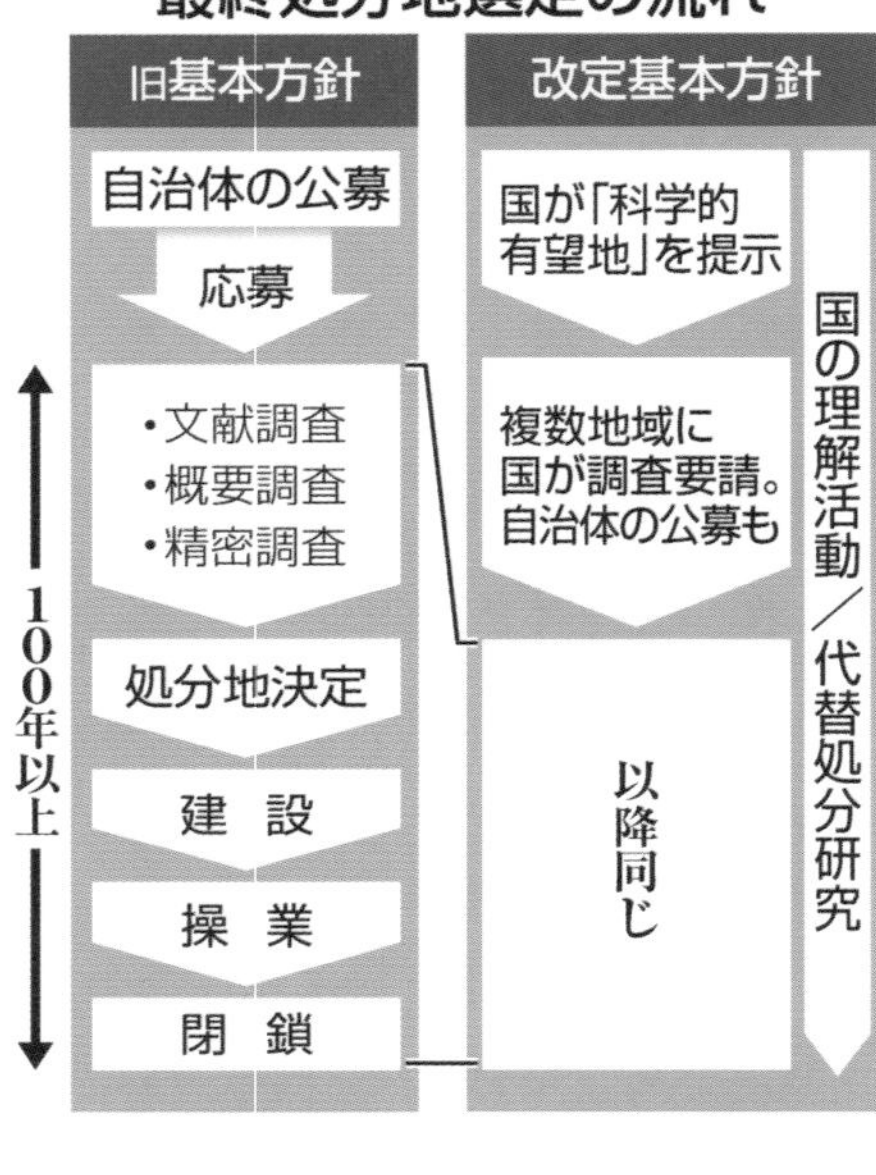

演出し、「劇場」の幕引きを図った。

「小泉発言が注目され、自民党内で『何とかしなければ』との声が広がった」。原子力政策に関する国の有識者会議に加わる委員の一人が舞台裏を明かす。

最終処分政策を担う経済産業省。処分場の選定手続きを定めた最終処分法が2000年に施行されて以来、第1段階の文献調査すら実施できず焦っていた。小泉発言で処分場のない現実が広く知れ渡ったことを逆手に取った。

「国が科学的有望地を示し、自治体に調査を申し入れる」「処分場閉鎖まで廃棄物を搬出可能にし、最良の処分方法を選べるようにする」。15年に閣議決定された最終処分の改定基本方針には、自治体による「手挙げ」以外の方法などを追加。首長や自治体の負担と懸念を減らし、調査に入りやすくすることを狙った。

17年には日本全土で処分適地を色分けした「科学的特性マップ」を公表した。マップは全国の面積の約3割、約900自治体を最適地とした。処分事業主体の原子力発電環境整備機構（ＮＵＭＯ）と連携し、マップを基に全国１２０以上の都市で説明会を開いた。

そして20年。寿都町が文献調査に応募し、近隣の神恵内（かもえない）村が調査申し入れを受諾した。

北海道寿都町での講演後に記念撮影する小泉純一郎（後列右）。影響力は今も残る＝2020年11月3日

経産省は「全国で対話活動を積み重ねた結果」と自負するが、複数の自治体がほぼ同時に調査に入る展開を見越していたかのような動きも見せていた。

19年11月、最終処分の在り方を検討する国の作業部会。経産省は委員に示した20年からの取り組み方針に「複数地域の文献調査実施を全面的に支援」と盛り込んだ。２町村が調査に意欲を表明する数カ月前のことだ。

予兆があったのか。経産省資源エネルギー庁の担当者は「複数の自治体が応募しそうだとかを考慮したわけではない」と偶然を強調する。

現実

くすぶる処分地容認論

2020年11月上旬、青森県六ケ所村の古びた事務所で、男性は事もなげに話した。

「核のごみは、このまま村さ置いておいたっていいんだ。村民の半分くらいはそう思ってんでねえか」

男性は重鎮村議の一人。村内で一時保管されている高レベル放射性廃棄物(核のごみ)を、村で最終処分しても構わないとの思いを明かした。

村にある高レベル廃棄物は、国内の原発から出た使用済み核燃料をフランスや英国で再処理後、残った廃液をガラスで固化したものだ。専用容器に入れられて村に海上輸送され、日本原燃の貯蔵管理センターで保管されている。

村が初めて受け入れたのは1995年4月。以来、両国から容器1830本(1本当たりのガラス固化体約500キロ）が返還され、さらに約380本が戻ってくる。村内にある日本原燃の使用済み燃料再処理工場が稼働すれば「自家生産」のガラス固化体が生まれ、保管数はさらに増える。

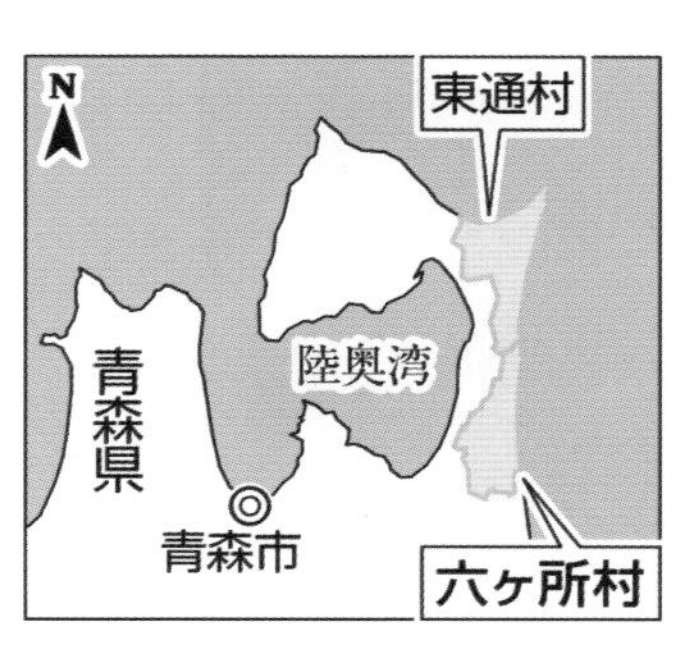

全国知事会は毎年、原子力政策に関する国への提言に「最終処分地の早期選定」を盛り込む。2018年、その項目に「一時貯蔵管理の期限も踏まえ」という一文が加わった。「2020年に青森県での保管期間の半分が経過するため、国への働き掛けが必要になっている」との理由だった。

日本原燃は「搬入から最長50年で各電力会社に村外搬出させる」と村と県に約束している。最初の搬入分は2045年に期限を迎える。県は「青森を最終処分地にしない」とした国の確約を歴代政権に確認し続けており、期限後の保管を認めない方針だ。

国は最終処分地の選定に20年、処分場の建設にさらに10年を見込む。45年までに処分場の運用が始まる可能性は極めて低い。一方で各電力会社による村外搬出も行き先は当てがなく、絵に描いた餅でしかない。村での保管が年月を重ね、運び出す先の見通しが立たないことの意

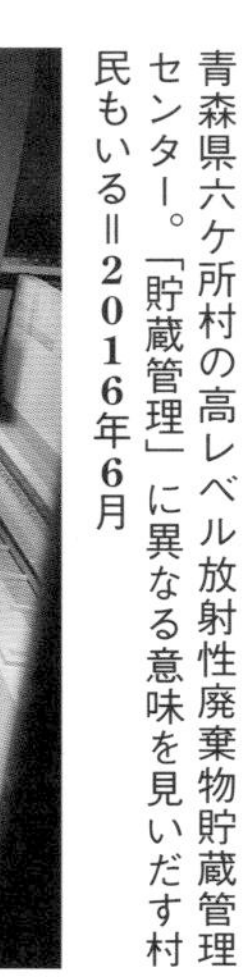

青森県六ケ所村の高レベル放射性廃棄物貯蔵管理センター。「貯蔵管理」に異なる意味を見いだす村民もいる＝２０１６年６月

味を、村民は冷静に受け止めている。

重鎮村議は最終処分地化を容認する条件として「村の若者たちが議論して決めること」を挙げる。処分場が完成する頃に生きている世代の意思次第と考えている。

村の北隣にあり東北、東京両電力の原発を抱える東通村。07年初頭、村長越善靖夫(78)が「原発もない地域で一から理解を求めるのは困難」として、村を含む県内への最終処分場誘致に前向きな姿勢を示したことがある。すぐさま県が火消しに走り、越善はその後、口をつぐんでいる。

ある元県幹部は最終処分地として「東通がベストだと思っている」と打ち明ける。村の東側は太平洋に面して輸送に利点がある上、隣接するむつ市と六ケ所村に原子力施設が立地。誘致のネックとなる周辺自治体の理解も得やすいと考えられるためだ。

元幹部は私論と断った上で、県内での最終処分の議論さえ拒む県の姿勢に異を唱える。「少なくとも青森県で生まれる核のごみを県外に持って行くのは虫のいい話。発生地で処分することが良識ある考え方だ」

議論の火種は燃えることなく、くすぶり続ける。

拒否

犠牲に共感 解決の糸口

２０２０年９月３日、北海道知事の鈴木直道が寿都（すっつ）町に片岡春雄町長を訪ねた。高レベル放射性廃棄物（核のごみ）最終処分地選定の第１段階「文献調査」への応募を検討していた町長に、知事は「応募は道条例の趣旨に相反する」と再考を促した。

２０００年制定の道条例は「道内への高レベル廃棄物の持ち込みは受け入れ難い」と宣言する。「一石を投じる価値はある」と答えた町長は20年10月に応募。11月に近隣の神恵内（かもえない）村と共に全国初の調査が始まった。

核のごみの拒否条例は全国20自治体以上にあり、鹿児島県内の12市町村が最多。制定時期は①最終処分法施行（２０００年）後②東京電力福島第1原発事故（11年）後③処分適地を色分けした「科学的特性マップ」公表（17年）後―に大別される。

東北では宮城県大郷町が08年、釜石、宮古両市が20年6月、岩手県岩泉町、普代村、野田村が同年12月に制定した。大郷町は医療系の低レベル放射性廃棄物を主眼に作ったが、高レベル廃棄物も対象。釜石、宮古両市はマップで市域の多くが適地とされたのが契機だ。

鹿児島大教授の宇那木正寛（行政法学）は「道条例は地域の価値観の宣言にとどまり、道民に法的義務は生じない」と解説。条例への市民の協力義務を定める釜石、宮古両市条例などは「反する行為は違法と評価される」と指摘する。

条例の制定は過去に処分適地とされた自治体や周辺自治体で目立つ。釜石、宮古両市も適地の一つだった。寿都町と神恵内村の周辺自治体も続々と制定の検討に入り、20年12月15日に寿都町西隣の島牧村議会が議員提案の条例案を可決した。

回りだした処分地選定の歯車は、自治体を条例による自衛へと走らせている。

迷惑施設の存在意義は認めても、自分の庭（地域）には置きたくないという住民の姿勢は「ＮＩＭＢＹ」（ニンビー、Not In My Back Yard）と呼ばれる。

20年12月10日、横浜市で最終処分に関する市民向け説明会があった。経済産業省と原

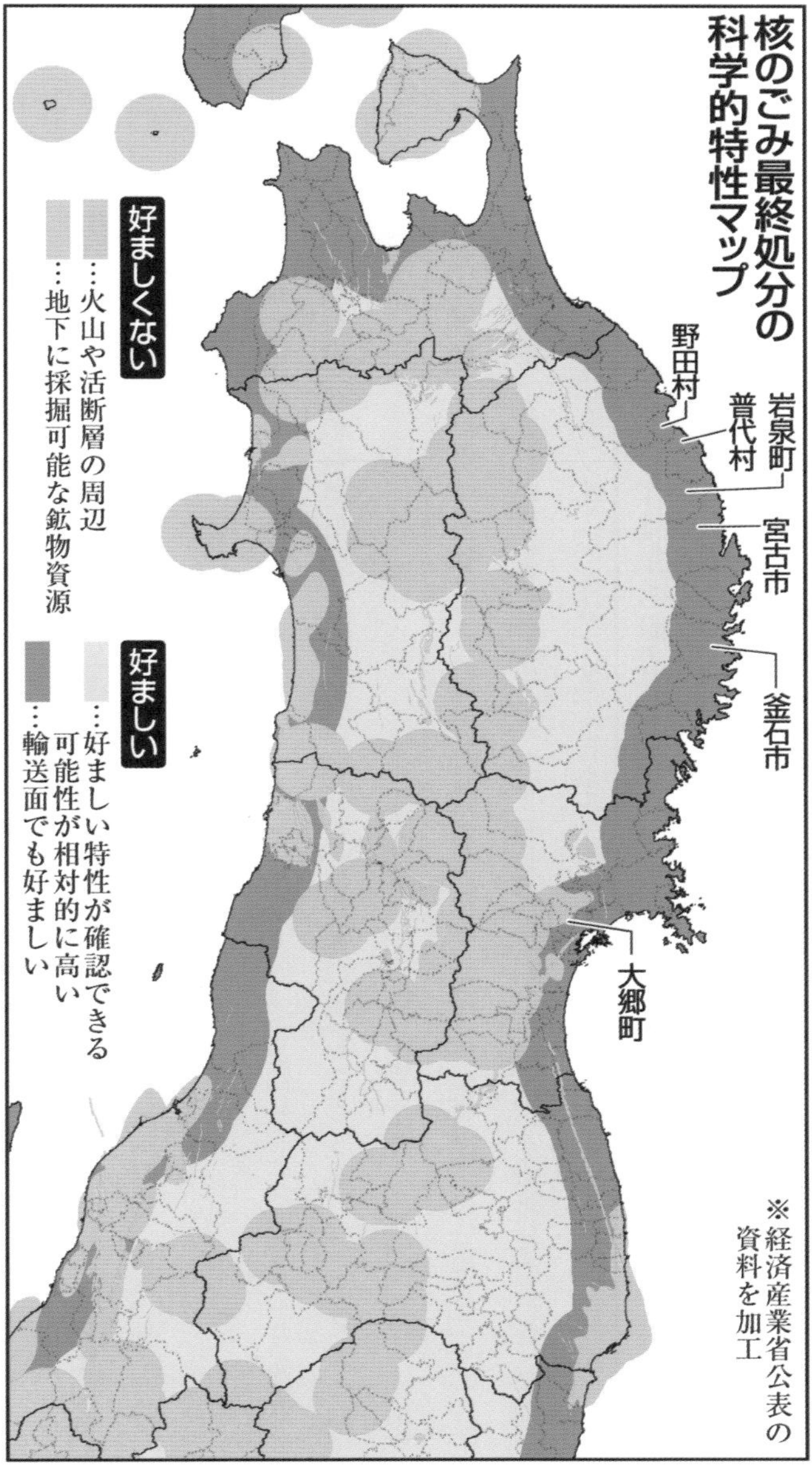

核のごみ最終処分の科学的特性マップ

好ましくない
…火山や活断層の周辺
…地下に採掘可能な鉱物資源

好ましい
…好ましい特性が確認できる可能性が相対的に高い
…輸送面でも好ましい

野田村
普代村
岩泉町
宮古市
釜石市
大郷町

※経済産業省公表の資料を加工

子力発電環境整備機構（NUMO）が全国各地で開いている対話活動の一環だ。

参加した大学3年の女性（21）は「核のごみは放置できないが（処分地が）自分の身近では嫌だと思う。（北海道での動きは）人ごとのように考えてしまっている」と胸の内を語った。

どの地域にも許さないという「NIABY」（ニアビー、Not In Any Back Yard）の姿勢まで広がれば、最終処分の意義すら否定され、事業は破綻する。


ニンビー問題を研究する東北大大学院教授青木俊明（環境心理学）は、奥州市の胆沢ダム（13年完成）建設時、推進側が、かつて移転に反対していた水没地権者らに感謝する会を開き、地権者らが早期完成の要望書を提出するに至った事例を手掛かりに挙げる。

フランスの最終処分候補地も調査した青木は「自分の生活が人の犠牲で成り立っていることを理解している人は少ない。受益と受苦の関係に関心を持ち、公共のために引き受けることに共感することが、地元への精神的補償になる」と指摘する。

文献調査を受け入れた寿都町と神恵内村の役場や商工業者には、今も内外から抗議や苦情が来る。中には「死ね」「（町村長）2人で地獄で同窓会を開け」といったものもある。

特集　核のごみ最終処分　首長インタビュー

原発政策のネックとされる高レベル放射性廃棄物（核のごみ）の最終処分問題は２０２０年、北海道の寿都（すっつ）町と神恵内（かもえない）村で処分地選定の第１段階「文献調査」が始まり、新たな局面に入った。国はさらに調査地を増やしたい考えで、全国の自治体では警戒感が広がる。調査に応募した寿都町の片岡春雄町長と、核のごみの受け入れ拒否条例を20年に制定した岩手県釜石市の野田武則市長に考えを聞いた。

文献調査応募の寿都町

片岡　春雄　町長

進む過疎　波及効果期待

核のごみの最終処分地選定の第1段階「文献調査」に応募したのは、過疎が進む町の現状を打開したい思いからだ。町は北海道電力泊原発の30キロ圏にあり、核のごみは身近な問題。実際に受け入れるかどうかは別にしても、応募でさまざまな波及効果を期待できる。

核のごみに関心を持ったのは２０１９年。町の議会や産業団体とのエネルギー問題に関する勉強会の中で出てきた。文献調査だけで最大20億円の交付金を受けられる「おいしい話」との印象を持ったが、手を挙げようとまでは当初考えなかった。

新型コロナウイルス禍をきっかけに応募を検討し始めた。戦後最大級の不況が叫ばれるようになり、町の財政見通しに危機感を持った。ピンチの今が、核のごみの問題に一石を投じるチャンスでもあると思った。

道の「核抜き条例」（２０００年施行）は「道内に核のごみは受け入れ難い」とするが、ご都合主義でしかない。原発と無関係の地域が制定するなら理解するが、道は多かれ少なかれ原発の恩恵を受けてきた。

青森県は誰もが嫌がる核のごみの保管を受け入れた。その恩恵はあったにせよ、多くの国民は感謝せず、今まで気にも留めてこなかったのが現実だろう。自分たちさえ良ければいいという考えを捨て、みんなが学びを深める必要がある。

国も全国知事会などで頭を下げ、議論への協力を呼び掛けてほしい。各地で話し合いを進めてもらった上で、国が特に適地と考える複数の自治体に一斉に検討を要請し、応じるかを地元で判断するのが望ましい形だと思う。

今回の寿都のような「手挙げ」での応募は地域の分断が生まれやすく、もう最後にした方がいい。原子力は国策。自治体に責任を転嫁しない選定の流れを国が整えるべきだ。

21年秋の町長選には立候補し、文献調査に続く第2段階「概要調査」にまで進むことを公約にする。住民投票は最終段階「精密調査」に入るか否かのタイミングでの実施がいい。そこで町民に冷静な判断で是非を

かたおか・はるお

専修大卒。東京の民間企業勤務を経て、1975年町役場入り。2001年の町長選で初当選。現在5期目。03年から町営風力発電による売電事業を手掛け、18年から風力発電推進市町村全国協議会会長を務める。71歳。北海道旭川市出身。

選択してもらいたい。

住民説明会などで「現段階で住民投票をしなくても肌感覚で分かる」と発言して非難されたが、住民投票で町民同士が感情的に攻撃し合うような事態を避けたかった。批判は覚悟の上だ。

最終的に核のごみが町に来ようが来まいが、過疎が進む町の今後をどうするかという課題は変わらない。疲弊した田舎には、発展のチャンスも考えるヒントも少なく、誰も助けてくれないという自覚が要る。

応募を機に、特に町の将来を担う若手に腰を上げてほしいと願っている。核のごみの議論の場を利用し、国内外のまちづくりの事例を学ぶのもいい。

拒否条例制定の釜石市

野田　武則　市長

無責任な国策に不信感

原発から出る核のごみだけでなく、放射性廃棄物全般の保管や研究、調査を受け入れない条例を作った。釜石市民の懸念に応え、市の立ち位置を明確にする必要があったからだ。

市では30年ほど前、旧動力炉・核燃料開発事業団（現・日本原子力研究開発機構）が最終処分の研究施設を造る計画を巡り、市を二分する議論があった。当時の議会答弁を読むと、市は「施設は研究目的。最終処分とは違った施設」という中立の立場だった。

施設受け入れの賛否を決める段階になると、市民の間で「最終処分場につながる」との懸念が広がり、議論が最終処分とセットになって混乱した。市は１９８９年、研究施設を含め放射性廃棄物の受け入れを拒否する宣言を出した。

当時議論に関わった市職員はもう市役所におらず、記憶する市民も少なくなった。宣言の趣

のだ・たけのり

専修大卒。幼稚園長、学校法人理事長を経て、岩手県議2期目途中の２００７年11月の市長選で初当選。現在４期目。19年に復興の象徴としてラグビーワールドカップ（W杯）２試合の開催を誘致した。67歳。釜石市出身。

旨を条例でより明示したいと考えた。

国の原子力行政に対する不信感は強い。国と原子力発電環境整備機構（ＮＵＭＯ）が２０１８年に市内で開いた対話型説明会は、市民が楽しみにしている「釜石まつり」の日だった。市は開催を直前まで知らなかった。

そもそも国はいまだに原子力を完全にはコントロールできていない。福島の事故だけ見ても、除染や汚染土の処理すら終わっていないし、汚染水浄化後の処理水も海に放出しようとしている。

原子力には見通しの立たない問題が多い。それらを解決してから自治体に最終処分地選定への協力を依頼するなら理解できるが、今後どうなるかも分からない状態で最終処分候補地を探すのは無責任な話だ。

北海道の寿都町や神恵内村のように文献調査を受け入れる自治体があるのは国の地方創生、地方活性化策が成果を挙げていないからだ。小さな自治体の生き残り策を示せていないのに、生き残りのため文献調査に手を挙げさせるのは矛盾しており、国への不信につながる。

原発が生む電気を使っておきながら、自分の地域だけは核のごみを受け入れないとの批判もあるが、的外れだ。財政難の自治体を狙って金で解決しようとする国に対し、条例などで対抗の意思表示をしなければならない状況こそが問題だ。

議論の前提ができていないのに、責任や批判だけを自治体に向ける考え方は納得できない。今の新型コロナウイルスへの対応にも通じる。国の方向性や対策がない中で、協力しない事業者を責めるのと似ている。

原子力による惨事の絶大な影響は福島を見れば分かる。だから皆が原子力政策に対し慎重になっている。地域エゴイズムと言われるのは筋が違う。

特集

東北の原子力施設　2020年

核燃サイクル 重い課題

日本の核燃料サイクル政策を支える東北の原子力施設は2020年、原子力規制委員会による新規制基準適合性審査に相次いで合格した。中核の使用済み核燃料再処理工場（青森県六ケ所村）が約6年半の審査を終えたことで、東京電力福島第1原発事故後の停滞から前進した。ただ、サイクル政策は国際社会が懸念しているプルトニウムの余剰や高レベル放射性廃棄物（核のごみ）の最終処分など課題が山積し、各施設が順調に稼働でき

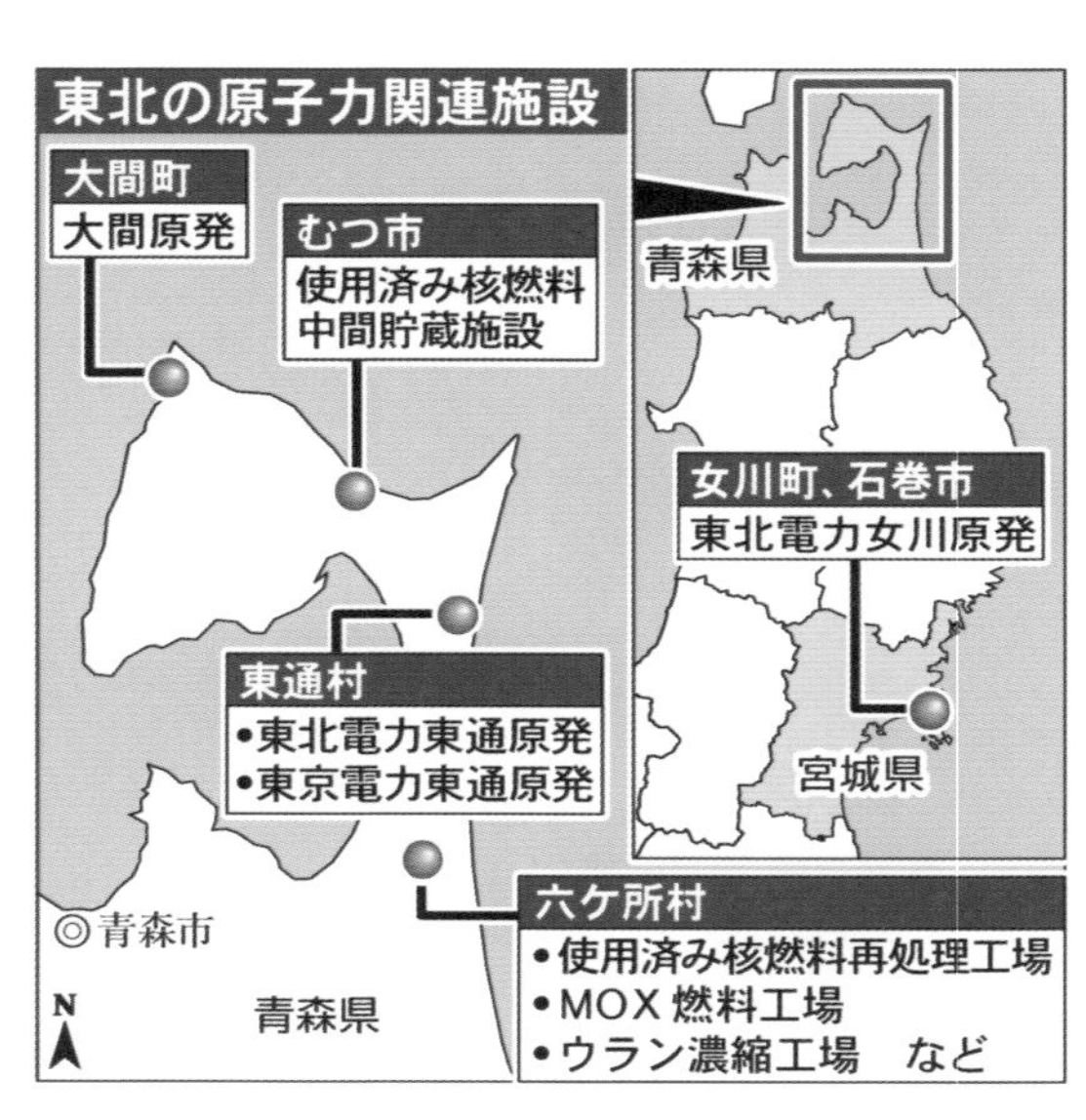

るかは依然不透明だ。原発事故から21年3月で丸10年。20年の動きを振り返る。

軽水炉原発

女川再稼働へ前進

濃縮ウラン燃料を軽水炉で燃やす国内の原発では、東北電力女川原発2号機（宮城県女川町、石巻市）が2020年2月、申請から6年を経て新規制基準適合性審査に合格した。東北の原発で初、全国では16基目となった。

政府は同年3月、県に再稼働への同意を要請。女川町議会と石巻市議会が9月、県議会が10月に再稼働賛成の請願や陳情をそれぞれ採択した。市町村長会議を経て、知事の村井嘉浩は同年11月、地元同意を経済産業相に伝え一連の地元手続きを終えた。東北電は2022年度までに安全対策工事を終え、再稼働させる予定。

女川原発2号機＝2020年2月

野党県議らが提出した住民投票条例案は県議会で否決され、市民団体が地元同意の差し止めを求めた仮処分申請も仙台地・高裁に却下された。

審査中の東北電力東通原発（青森県東通村）は敷地内外の活断層の評価をおおむね終えた。主な安全対策工事の前提になる基準地震動の再評価に向け準備を進める。北隣にある東京電力東通原発は11年1月の着工直後に起きた原発事故の影響で建設が中断。東電は工事再開に向けて共同事業者を募っており、21年以降に方向性を示す。

再処理工場

今後の工程に懸念

全国の原発の使用済み核燃料からプルトニウムを取り出す青森県六ケ所村の再処理工場は２０２０年７月、新規制基準適合性審査に合格。追加の安全対策工事や保安規定の策定などを経て、22年度上期の完工を目指している。

運営する日本原燃は14年１月に審査を申請。安全対策の強化に加え、重要設備への雨水流入や関連工場での保安規定違反などが相次ぎ、審査が長期化した。

１９９３年の着工当初は建設費約７６００億円で97年完工を見込んだ。完工予定は25回延期され、今後も工程通り進むかは予断を許さない。建設費は約３兆円に膨らみ、操業や廃止措置の費用を含む総事業費は13兆９４００億円に上る。

取り出したプルトニウムとウランを混合酸化物（ＭＯＸ）燃料に加工する工場も敷地内に建設中で、２０２０年12月９日に審査に合格した。地下の骨組み部分が一部できており、24年度上期に完成予定。総事業費は２兆３４００億円を見込む。

敷地内では英国とフランスから返還された高レベル放射性廃棄物（ガラス固化体）１８３０本と、原燃が試験で製造した３４６本も保管している。

審査に合格した再処理工場＝2020年11月

中間貯蔵施設

21年度運用開始へ

中間貯蔵施設は原発から出る使用済み核燃料を再処理工場に運び込むまでの間、一時保管する役割を担う。原発敷地外の保管場所として国内唯一の施設が、むつ市に建設されている。

運営会社のリサイクル燃料貯蔵（ＲＦＳ）は２０２０年11月、新規制基準適合性審査に合格し、21年度の運用開始を目指す。市は20年3月、搬入される使用済み燃料に課税する条例を制定した。

ＲＦＳは東京電力と日本原子力発電の出資企業で、両社の原発から出る使用済み燃料を保管する。電力業界が共同利用を検討していることも表面化した。

保管能力３０００トンの1棟目はほぼ完成。状況を見て２０００トン収容の2棟目を建てる。保管期限は50年。当初計画では保管後、青森県六ケ所村の再処理工場とは別の第２再処理工場へ運び出す予定だった。

第２再処理工場は実現のめどがたっておらず、原子力規制委員長の更田豊志は記者会

中間貯蔵施設の内部＝ 2016 年

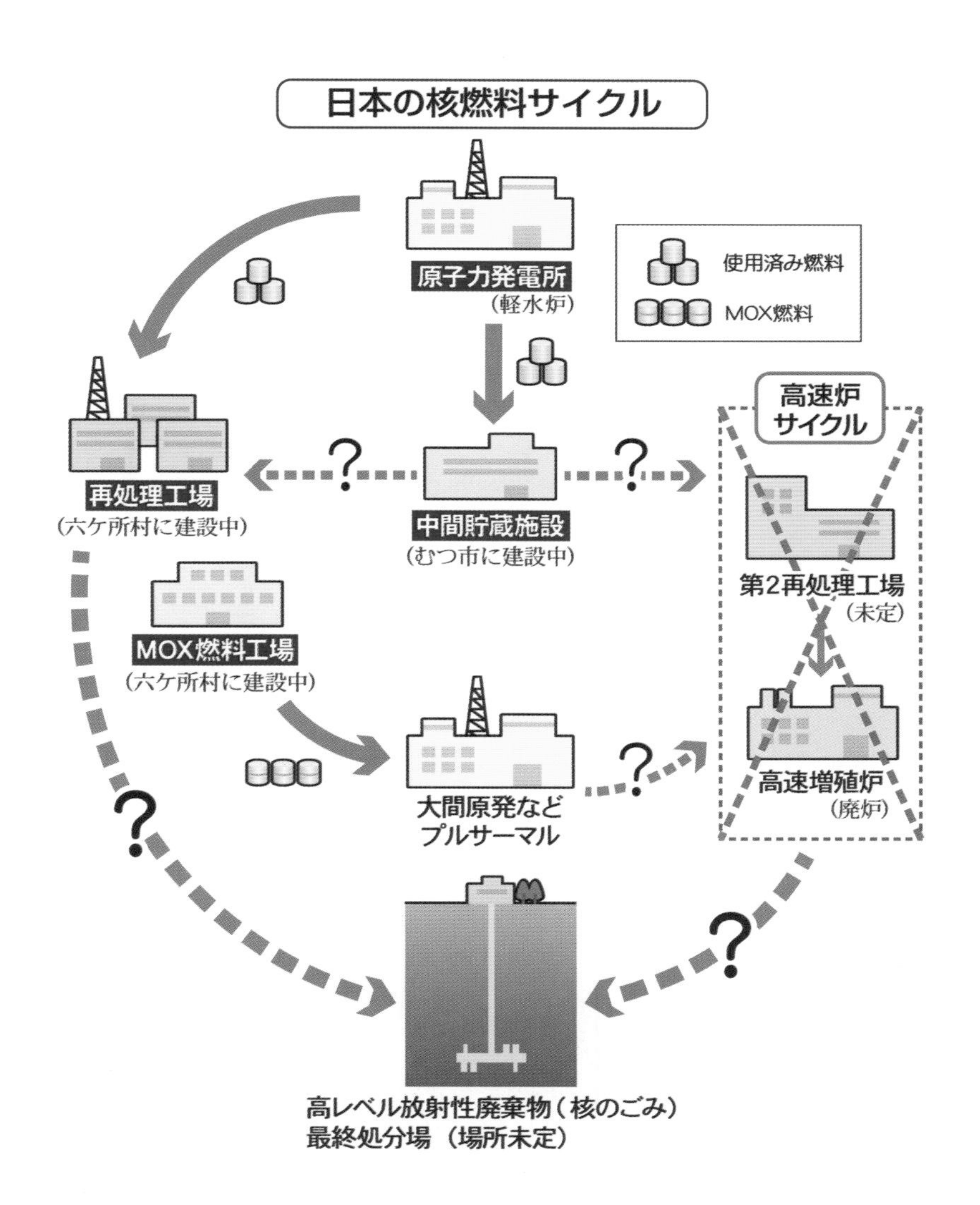
日本の核燃料サイクル
原子力発電所
（軽水炉）
使用済み燃料
MOX燃料
高速炉
サイクル
再処理工場
（六ケ所村に建設中）
?
中間貯蔵施設
（むつ市に建設中）
?
第2再処理工場
（未定）
MOX燃料工場
（六ケ所村に建設中）
?
大間原発など
プルサーマル
高速増殖炉
（廃炉）
?
?
高レベル放射性廃棄物（核のごみ）
最終処分場（場所未定）

見で「恐れるのは燃料を運び出す先がない状態」と懸念を表明した。なし崩し的に中長期の保管場所になる可能性もある。

プルサーマル

大間原発　完工延期

高速炉サイクルが宙に浮く中、プルトニウムを余分に持たないためプルサーマル発電が導入された。再処理工場で取り出したプルトニウムとウランの混合酸化物（ＭＯＸ）燃料を軽水炉原発で燃やす。

通常の軽水炉原発の場合は炉心の３分の１程度で、電源開発大間原発（青森県大間町）では全炉心でＭＯＸ燃料を使える。

建設途上の大間原発は２０１４年12月に新規制基準適合性審査を申請した。立地する下北半島西部が過去に隆起した原因の解明が進まず、耐震設計の基準となる地震動が決まらないまま審査が停滞。20年

建設中の大間原発＝ 2020 年 10 月

9月に08年5月の着工以来6回目となる完工延期を発表した。

28年度の営業運転開始を目指すが、全炉心にMOX燃料を装填するまで「10年程度かかる見通し」(電源開発)。余剰プルトニウム消費の切り札となるのはまだまだ先のことだ。

使用済みMOX燃料の搬出先は未定。プルサーマル実施中の四国電力伊方原発3号機(愛媛県)、関西電力高浜原発3号機(福井県)は敷地内で保管する。

原発事故前にプルサーマルを導入した東北電力女川原発3号機(宮城県女川町、石巻市)は停止が続く。

高速炉サイクル

実現のめど立たず

日本の核燃料サイクルが究極目標とする高速炉サイクルは、実現のめどが全く立っていない。

発電しながら消費した以上の燃料を生み出す高速増殖炉は、資源に乏しい日本が準国産エネルギーを手に入れる夢の技術とされた。高速増殖原型炉「もんじゅ」(福井県)が1995年にナトリウム漏れ事故を起こし、その後の管理のずさんさもあって

2016年に廃炉が決定。開発途中で頓挫した。

高速増殖炉の燃料は、青森県六ケ所村の再処理工場で取り出すプルトニウムとウランの混合酸化物（MOX）を充てる予定だった。

高速炉サイクルは海外でも苦戦が続く。米国は1970年代、英国やドイツなどは90年代に経済性の低さを理由に開発から撤退。フランスが日本と共同研究していた高速炉実証炉ASTRID（アストリッド）は19年、計画が中止された。

たまるプルトニウム

国内外から厳しい視線

1963年に日本で原子力発電が始まった当初から目標としてきた核燃料サイクルは、いまだ確立途上にある。燃料製造から発電に至る前段部分（フロントエンド）の拡大を急ぎ、再処理から廃棄物処分までの後段部分（バックエンド）、特に使用済み核燃料の処理や高レベル放射性廃棄物（ガラス固化体）の最終処分のめどを付けないまま突き進んだためだ。

その「つけ」とも言えるのが、核爆弾の原料にもなるプルトニウムの余剰問題だ。核不拡散の観点から国内外の厳しい視線が注がれている。

日本のプルトニウム保有量（トン）

	2019年末	最大時（15年末）
総量	約45.5	約47.9
国内保管	約 8.9	約10.8
海外保管（計）	約36.6	約37.1
英国	約21.2	約20.9
仏国	約15.4	約16.2

内閣府によると、２０１９年末時点で日本の分離プルトニウム保有量は約45・5トン。内訳は再処理委託先の英国に21・2トン、フランスに15・4トン、青森県六ヶ所村の使用済み燃料再処理工場など国内には計8・9トンある。再処理工場が稼働した場合、年間最大約7トンが新たに生まれる。

一方、現時点で唯一の消費方法のプルサーマル発電は進んでいない。電気事業連合会（電事連）は余剰プルトニウム削減のため、全国16〜18基の原発でプルサーマル実施を目指したが、現状は4基にとどまる。電事連は20年12月17日、目標を「30年度までに最低12基」に下方修正した。

プルトニウムの生産抑制のため再処理工場はフル稼働できない可能性が高い。プルサーマルで使用済みのウラン・プルトニウム混合酸化物（ＭＯＸ）燃料は行き場がなく、原発内で長期保管される恐れがある。

むつ市の中間貯蔵施設で最長50年間保管する使用済み燃料は再処理工場に運び出す予定だが、六ケ所村の再処理工場の耐用年数は40年。新たな再処理工場がなければ施設での保管が続きかねない。再処理後に生まれるガラス固化体の最終処分地も未定だ。

こうしたバックエンドの不備により、使用済み燃料などを地元に留め置かれる自治体が施設の操業に異を唱える事態も想定される。

第5章　現（うつつ）と幻

未曽有の原発事故から丸10年の節目を、私たちは原発復権の兆しもある中で迎えようとしている。一方で原発利用の先にある核燃料サイクルは、この10年で行き詰まりの度を深めた。つじつまの合わない原子力政策はどこに向かうのか。サイクルの現実と幻影を追う。

反転

脱炭素 再稼働へ追い風

野心的な目標に支持率回復への祈りがにじんだ。

「世界に先駆けて脱炭素社会を実現していく」

２０２１年１月18日、首相の菅義偉は通常国会冒頭の施政方針演説で、２０５０年までに二酸化炭素（CO_2）など温室効果ガスの排出量と吸収量の差をゼロにすると宣言した。世界的な潮流「カーボンニュートラル」は、守勢に立つ政権の浮沈を握る。

20年10月、首相就任後初の所信表明演説で初めて目標を掲げ、各方面に衝撃を与えた。排出量が多い鉄鋼や自動車などの業界から悲鳴が上がる中、いち早く歓迎のコメントを

日本の電源構成（経産省調べ）			
（年度）	再エネ	原子力	火力
2010	9%	25%	66%
2019	18%	6%	76%
2030	22～24%	20～22%	56%

※ 2019 年度は速報値。30 年度は目標値
※再生可能エネルギー（再エネ）は水力、太陽光、風力、バイオマス、地熱の合計
※火力は液化天然ガス、石油、石炭の合計

出したのは原子力推進の関係者らだ。
「脱炭素化には排出削減だけでなく供給安定性と経済性の視点が重要。原子力は全てに貢献できる」。原発メーカーや立地自治体などで作る日本原子力産業協会の理事長新井史朗は、原発の再稼働や新増設の必要性を強調。電気事業連合会会長の池辺和弘（九州電力社長）も「目標実現には原発の最大限の活用が必要だ」とアピールした。

脱原発から脱炭素へ。東京電力福島第１原発事故から21年３月で丸10年となるのを前に、原発推進側は反転攻勢の好機をつかんだ。脱炭素や温暖化対策をてこに原発が失地を回復したことは過去にもある。

１９９５年12月に旧動力炉・核燃料開発事業団（動燃）の高速増殖原型炉「もんじゅ」（福井県）のナトリウム漏れ事故、97年３月11日には同じ旧動燃の東海再処理工場（茨城県）の火災爆発事故が起き、官民の推進側は意気消沈した。

転機は同年12月に京都市で開かれた温暖化防止京都会議。政府は

脱原発を訴え、首相官邸前で行われた抗議活動。当時の熱気は失われつつある＝2013年6月

原発の20基増設などで２０１０年までにCO_2排出量を90年比で６％削減すると公約し、原発推進は息を吹き返した。

２０００年代に入り「原子力ルネサンス」と呼ばれた原発重視の風潮が強まる中で福島の事故が起きた。状況は一変し、原子力政策は根底から覆る寸前まで行った。

「大変なことになっている」。12年9月6日、青森県六ケ所村議会議長の橋本猛一（当時）に電話が入った。電話の主は、村で核燃料サイクル施設を運営する日本原燃社長の川井吉彦（同）。当時与党の民主党エネルギー・環境調査会が同日、「30年代に原発稼働をゼロにする」「使用済み核燃料の全量再処理方式を全面的に見直す」と政府に提言したことを知らせる連絡だった。

村議会は翌日、見直しが実施されれば、使用済み燃料や高レベル放射性廃棄物の村内への受け入れを拒否する意見書を緊急に可決した。慌てた政府は1週間後に決めたエネルギー戦略で再処理の継続を掲げ、「30年代原発ゼロ」の閣議決定も見送った。

福島の事故後も原子力が命脈を保てたのは、原発政策の要、核燃料サイクルの生殺与奪を握る青森県の「功績」とも言える。

民主党政権の国家戦略室企画調整官としてエネルギー戦略策定に関わった元経済産業省官僚の伊原智人は「あの時（戦略策定時）が原子力政策のもつれた糸をほどく最後のチャンスだった」と悔やんだ。

虚実

サイクル推進 意義転々

「青森県に多大なご理解とご協力をいただいていることに感謝したい」

2020年10月、首相官邸で開かれた核燃料サイクル協議会。官房長官加藤勝信が開

エネルギー基本計画での記述(抜粋)		
	核燃料サイクル	原発利用
第1次(2003)	政策推進が国の基本的考え方	基幹電源として推進
第2次(2007)	2050年までに高速増殖商用炉を開発	次世代軽水炉の開発推進
第3次(2010)	確固たる国家戦略として着実に推進	2030年までに14基以上を新増設
第4次(2014)	使用済み核燃料直接処分の調査研究も推進	再稼働を進めるが依存度は可能な限り低減
第5次(2018)	戦略的柔軟性を持たせながら対応する	原発依存度を可能な限り低減

口一番、青森県知事三村申吾に謝意を伝えた。

経済産業相梶山弘志に加え、電気事業連合会会長の池辺和弘、青森県六ケ所村で核燃料サイクル施設を運営する日本原燃の社長増田尚宏も同席。官民挙げて、サイクル施設群を引き受ける青森への気遣いを見せた。県と政府が原子力政策を話し合う協議会は１９９７年に発足。六ケ所村の再処理工場への使用済み核燃料初搬入に向けた安全協定締結の条件として、県が国に設置を求めた。一つの県と政府で構成する協議機関は異例だ。

２０１０年以来、12回目の開催となった今回も従来通り「核燃料サイクル政策の堅持」「青森を高レベル放射性廃棄物（核のごみ）の最終処分地にしない」などを確認した。

協議会があったのは、今後の電源構成比率などを決める第6次エネルギー基本計画の検討が、経産相の諮問機関・総合資源エネルギー調査会の分科会で始まってからわずか約1週間後。原子力の方向性がこれから議論されるという中で、政府は協議会で「サイクル堅持」を早々と表明した。

経産省資源エネルギー庁の担当者は「分科会では結論ありきでなく議論してもらうが、サイクルが引き続き重要である事実に変わりはない」と説明する。言葉通りなら、サイクルの前提となる原発利用の堅持も既定路線ということになる。

基本計画は第1次（２００３年策定）から第5次（18年策定）まで一貫してサイクル推進を掲げる。東京電力福島第1原発事故後の第4次、第5次計画は、以前とニュアンスが異なる。

事故後初の改定となった第4次では「中長期的な対応の柔軟性を持たせる」とサイクル政策を見直す可能性を含む方針が示され、使用済み燃料を再処理せずに捨てる「直接処分」の調査研究も推進するとした。方針は第5次でも基本

核燃料サイクル協議会で向き合う官房長官加藤勝信と青森県知事三村申吾（左手前）＝2020年10月21日、首相官邸

的に引き継がれた。

　サイクル推進の意義として原発燃料となるウランの有効利用が筆頭に挙げられていたが、第4次以降は「ウラン」の単語すら消えた。代わりに「高レベル廃棄物の減容化・有害度低減」を前面に打ち出している。

「以前なら『再処理する』から話が始まったが、今は（たまり続ける）使用済み燃料対策の一環で再処理するという文脈だ。何が何でも（再処理に）突き進むという書き方ではない」。原子力畑を長年歩んだ東電の元最高幹部は、サイクル路線が実質的に軌道修正されたと読み解く。

　資源が循環（サイクル）するのでなく、しがらみが円（サークル）を描くように堂々巡りを続ける国策の姿に、与党内にも懐疑論がくすぶる。

「青森のためにサイクルを推進せざるを得ない袋小路に入っている」「フィクションを続けるのは無理」

　反サイクル論者で知られる行政改革担当相河野太郎は原発事故後、引くに引けないサイクルの現実を自民党の会合などで容赦なく指摘した。入閣後はこうした発言を封印している。

裏腹

資源のごみ化 地元警戒

湧き上がる不信感が、新年恒例の儀礼行事にも影を落とした。

東京電力が２０２１年１月13日に予定していたむつ市への年始あいさつが、市の意向で前日に急きょ中止された。表向きの理由は新型コロナウイルス対策だが、額面通りには受け取れない。

東電など大手電力会社でつくる電気事業連合会（電事連）は20年12月、市内に立地する使用済み核燃料中間貯蔵施設を電力各社で共同利用する案を表明。市に事前相談はなく、市長の宮下宗一郎は「むつ市は核のごみ捨て場ではない」と強い不快感を示した。

施設は東電が８割、日本原子力発電が２割出資するリサイクル燃料貯蔵（ＲＦＳ）が建設、運営する。両社の原発から出る使用済み燃料だけを最長50年保管する約束のはずが、共同利用案が降って湧いた。

年始あいさつで東電は青森担当の最高幹部が社長小早川智明の手紙を持参し、市長の宮下とほぼ非公開で会談する算段だった。市は「非公開」に神経をとがらせた。「社長の密書を渡され、密談したとなれば『市と東電は裏で手を組んでいる』との印象操作に利用されかねない」。市幹部は「ドタキャン」の、もう一つの理由を明かす。

2020年3月末時点の使用済み燃料と貯蔵能力

事業者	原発・施設名	使用済み燃料貯蔵量(トン)	容量(トン)	貯蔵割合(%)
北海道電力	泊	400	1020	39
東北電力	女川	480	860	56
	東通	100	440	23
東京電力	福島第1	2130	2260	94
	福島第2	1650	1880	88
	柏崎刈羽	2370	2910	81
中部電力	浜岡	1130	1300	87
北陸電力	志賀	150	690	22
関西電力	美浜	470	760	62
	高浜	1290	1730	75
	大飯	1710	2100	81
中国電力	島根	460	680	68
四国電力	伊方	720	930	77
九州電力	玄海	1010	1190	85
	川内	1000	1290	78
日本原子力発電	敦賀	630	910	69
	東海第二	370	440	84
日本原燃	再処理工場	2968	3000	99

※電気事業連合会の使用済み燃料貯蔵対策への対応状況を基に作成

国の核燃料サイクル政策上、使用済み燃料は「ごみ」ではない。一度使われた後に再処理でプルトニウムを取り出し、ウランと混ぜて再利用される点で「資源」として扱われる。

各地の原発から使用済み燃料を受け入れる青森県六ケ所村の再処理工場は、度重なる完成延期で再処理工程に進めず、使用済み燃料の保管プールはほぼ満杯の状態だ。再処理工場に搬出できない電力各社は、原発内の燃料プールで燃料同士の間隔を狭めて容量を増やす「リラッキング」や、敷地内で専用の金属容器に入れて空冷する「乾式貯蔵」でしのいでいる。

それでもこのまま原発の再稼働が進んだ場合、最も早い東電柏崎刈羽原発（新潟県）で約3年、関西電力高浜原発（福井県）は約5年でプールが満杯になる恐れがある。使用済み燃料を搬出できずプール保管の余裕も失えば、原発は稼働できない。

使用済み燃料の保管場所を視察する原子力規制庁職員ら。規制庁は保管期限の約10年前から搬出状況を確認する方針を示す＝2019年7月、むつ市の中間貯蔵施設

むつ市の中間貯蔵施設で使用済み燃料の搬出先とされる「再処理工場」は計画上、どこにある施設かも示されていない。幻のような搬出計画と、約束にない共同利用案。地元は行き場を失いかねない使用済み燃料が「資源」から「ごみ」に変わることを警戒する。

共同利用案の背景にあるのも、厄介物扱いを受ける使用済み燃料だ。関西電力の原発が集中立地する福井県が、原発内にたまり続ける使用済み燃料の県外搬出先を示すよう関電に繰り返し要求。答えに窮した関電の救済策として、電事連が共同利用案を打ち出した側面が大きい。

福井県の担当者は「福井と青森ばかりにしわ寄せが来ている」とこぼし、むつ市長の宮下は「政策のほつれを瞬間接着剤のように無理やりくっつけても駄目だ」と苦り切る。

その場しのぎを繰り返す核燃料サイクル政策に、最大の理解者たちも愛想を尽かし始めている。

金のなる木 核燃税拡大

2020年暮れ、むつ市の使用済み核燃料中間貯蔵施設を巡り電力各社の共同利用案が浮上すると、市長の宮下宗一郎は不快感を示し渋面を浮かべた。約9カ月前、施設に絡み対照的な表情を見せる場面があった。

「条例案の可決、成立が、市政の輝く歴史になるよう前進を続けていきたい」。20年3月27日、市議会が核燃料税条例案を可決後にあいさつした宮下の顔は達成感に満ちていた。

条例によると、中間貯蔵施設に運び込まれる使用済み燃料に対し、受け入れ時と貯蔵時に課税する。最初の5年間で約94億円の税収を見込む。市税収入が年間約57億円

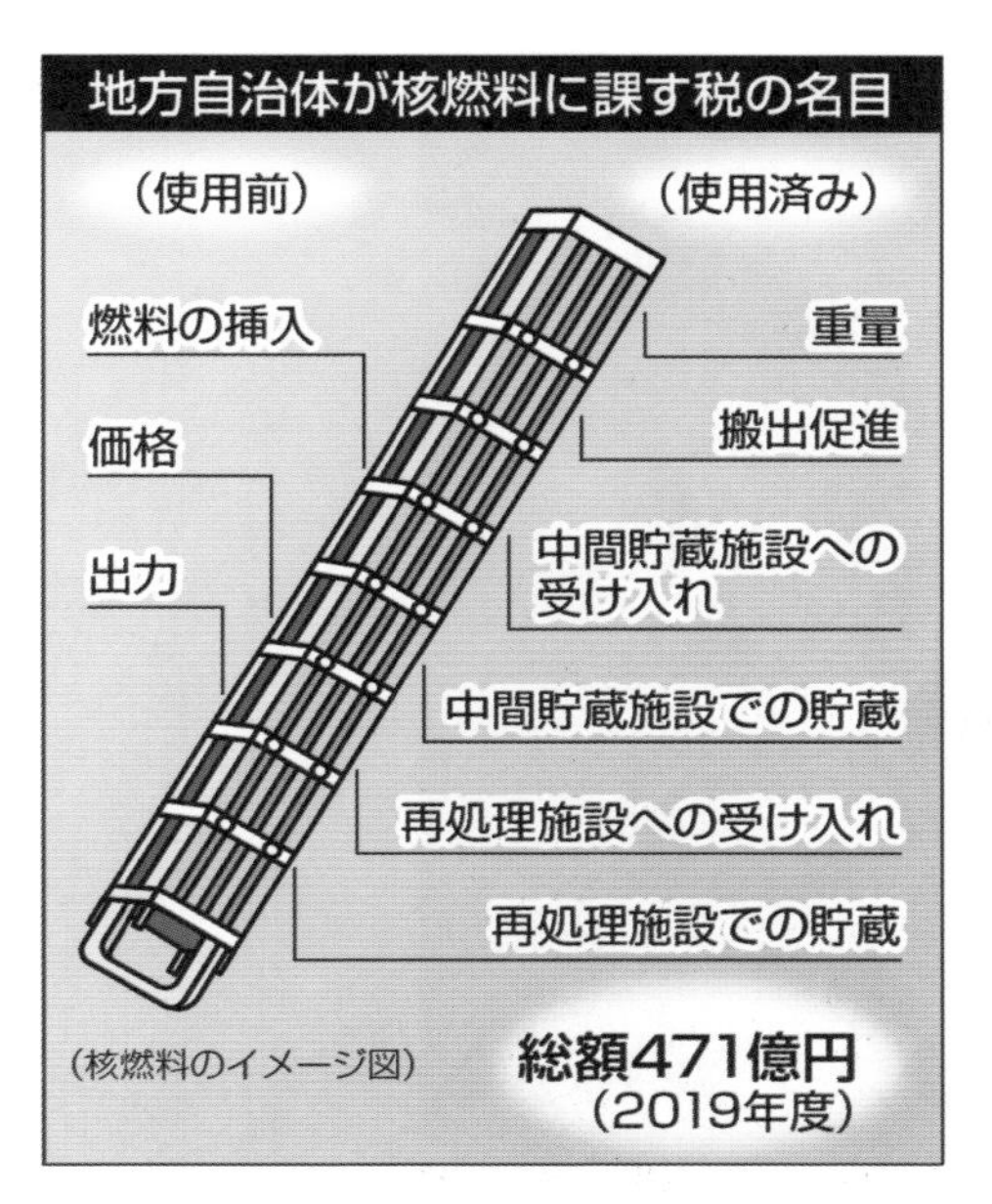

（2020年度当初予算）という市財政に及ぼす好影響は極めて大きい。

再処理で取り出されたプルトニウムがウランと混ぜられ、再利用される使用済み燃料。政府は「資源」に位置付け、原発事業者は「資産」として会計処理する。むつ市をはじめ、一時貯蔵などで使用済み燃料を引き受ける自治体には「金のなる木」だ。

核燃料税は1976年に福井県が初めて導入し、現在までに原発や核燃料サイクル施設が立地する12道県と5市町に広まった。元々は原子炉挿入分が対象だったが、使用済みへの課税が拡大した。

2019年度の税収は12道県と、むつ市を除く4市町の総額で471億4900万円に上る。自治体別で最高は原発と使用済み燃料再処理工場を抱える青森県の194億1400万円、最低は宮城県の1億8100万円。施設の規模など課税標準は多岐にわたり、燃料の数量や税率の高低によって開きが出ている。

青森県では09年度に約111億円だった税収が、東京電力福島第1原発事故後の17、18年度に200億円を超えた。事故後に原発や再処理工場は稼働していないものの、県が「安全対策」「他県との均衡」「税収確保」などを理由に税率を上げ、総税収の1割強を占めるに至った。県の担当者は「貴重な財源。一般財源なので使い道の縛りもない」と誇る。

核燃料税導入に向けた庁内チームの看板を設置するむつ市長の宮下宗一郎＝2019年8月、むつ市役所

そこにあるだけで税源となる使用済み燃料の受け入れは、自治体にとって抗しがたい魅力がある。一方で「厄介払い」のために課税する自治体も出てきた。

世界最大の原発、東京電力柏崎刈羽原発を抱える新潟県柏崎市は20年10月、市域内の1～4号機プールで15年以上保管する使用済み燃料に累進課税をする新たな核燃料税条例を制定した。保管年数を経るほど税率が上がる全国初の仕組み。「むつ市（の中間貯蔵施設）への搬出促進が狙いだ」と市の担当者は説明する。

行く先々でさまざまな税収を生み出す使用済み燃料は「打ち出の小づち」の半面、握り締めて離さなければ保管や貯蔵が「処分」に意味を変えかねない。核燃料サイクルが行き詰まる中、その差は紙一重だ。

原子力財政に詳しい福島大名誉教授の清水修二（財政学）は「核燃料税には切りがなく、依存度が深まれば自治力はかえって弱まる。財政の余裕があるうちに『核燃料頼み』から脱却すべきだ」と訴える。

疑念

再処理の稼働 米国注視

２０２１年１月20日、米国のバイデン大統領が就任演説で真っ先に触れた先達は、日本の原子力開発の天敵だった。

「カーター元大統領の生涯の功績に敬意を表する」

1970年代後半、核不拡散政策を売りにしたカーター政権は、日本での使用済み核燃料再処理に一貫して否定的だった。再処理は核爆弾の原料にもなるプルトニウムを生むためだ。難交渉の末、自由な再処理を可能とする日米原子力協定が88年に発効した。

「バイデン大統領はオバマ元大統領の『核なき世界』を究極目標として引き継ぐとしている。青森県六ケ所村の再処理工場の稼働が現実味を帯びれば、2018年の時のように懸念が高まることも予想される」。日米外交のシンクタンク「新外交イニシアティブ」代表の猿田佐世が言う。

18年は協定の期限。改定を巡り、米国は日本の核燃料サイクル政策に疑いの目を向けた。

「プルトニウムを既に48トン保有し、それを消費する原発は止まっている。アジアでの核拡散を招きかねない」。米議会の実力者、エドワード・マーキー上院議員は18年2月、上院外交委員会の公聴会で不信感をあらわにした。

日本のプルトニウム保有量(トン)

	2019年末	最大時(15年末)
総量	約45.5	約47.9
国内保管	約8.9	約10.8
海外保管(計)	約36.6	約37.1
英国	約21.2	約20.9
仏国	約15.4	約16.2

原発でプルトニウムとウランを混ぜた酸化物（ＭＯＸ）燃料を使うプルサーマルはサイクル政策の柱で、現時点でプルトニウムの唯一の消費方法だ。東京電力福島第1原発事故前でも実施は4基にとどまり、電力業界が目指す16～18基への導入は夢物語に近かった。

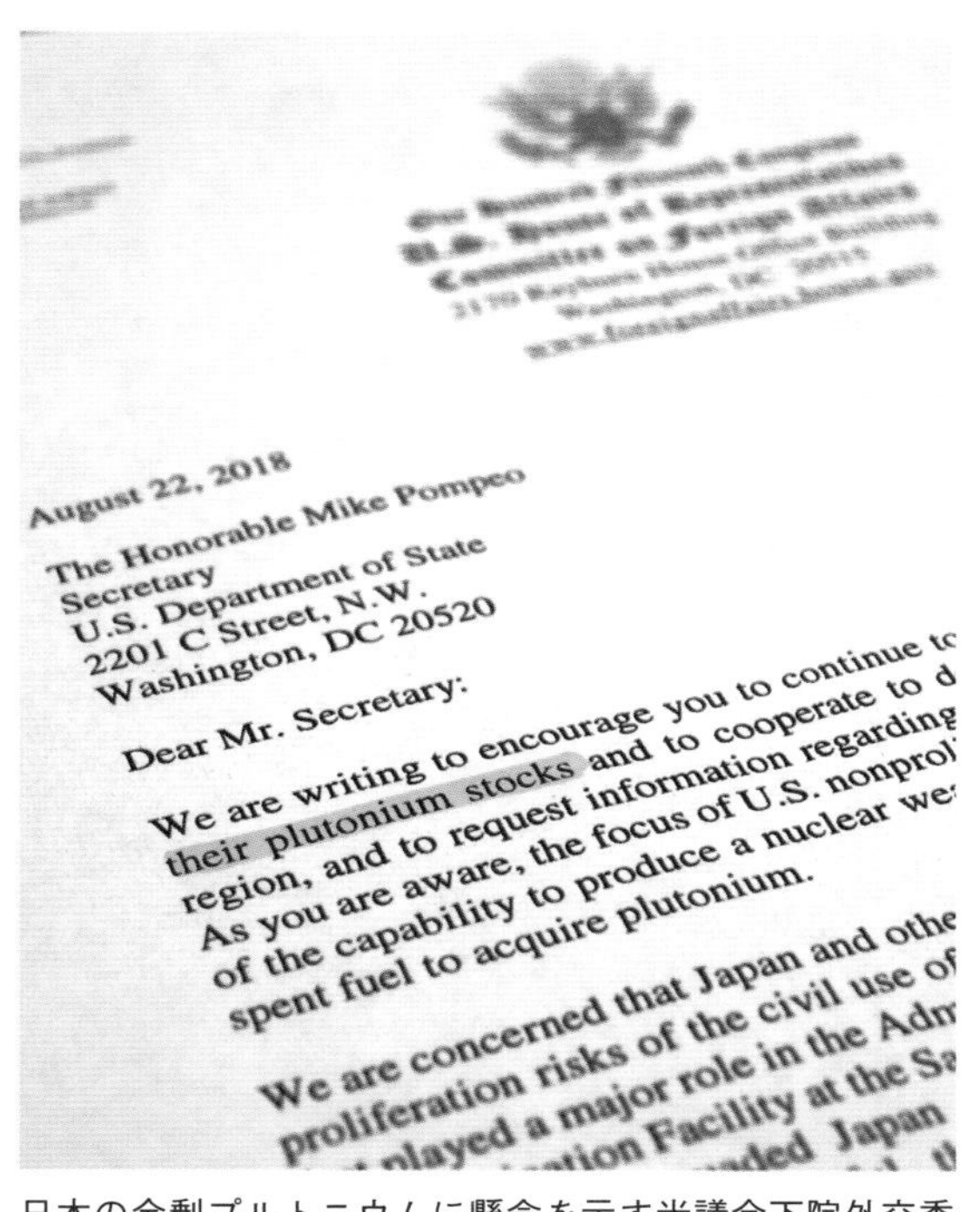

August 22, 2018

The Honorable Mike Pompeo
Secretary
U.S. Department of State
2201 C Street, N.W.
Washington, DC 20520

Dear Mr. Secretary:

We are writing to encourage you to continue t
their plutonium stocks and to cooperate to d
region, and to request information regarding
As you are aware, the focus of U.S. nonproli
of the capability to produce a nuclear we
spent fuel to acquire plutonium.

We are concerned that Japan and othe
proliferation risks of the civil use of
played a major role in the Adm
Facility at the Sa
Japan

日本の余剰プルトニウムに懸念を示す米議会下院外交委員長らが国務長官に宛てた書簡（蛍光色の部分は加工）

非核兵器保有国で日本のみに認められていた再処理の特権に対し、日本と同じく米国の同盟国である韓国などから「不公平」の声が上がった。米有力紙ニューヨーク・タイムズも、六ケ所村の再処理工場の行く末を懐疑的に報じた。

協定は18年7月に自動延長されたが、日本の余剰プルトニウムへの懸念は消えない。米議会下院のエド・ロイス外交委員長らがポンペオ国務長官に宛てた書簡で「（保有量が）商業ベースを圧倒的に超え、核拡散リスクがある」とくぎを刺した。

内閣府によると、19年末の日本の保有量は45・5トン。国際原子力機関（ＩＡＥＡ）は８キロで核爆弾１発が作れるとする。単純計算で約５７００発分の核爆弾に相当する。22年度上期に完成予定の六ケ所再処理工場がフル稼働すれば、年約７トンが新たに生じる。プルサーマル実施は今も４基のみで、消費量は18年に約１・５トン、19年は０・２トン程度。原子力規制委員会が審査中のプルサーマル予定原発が全て合格しても計８基にとどまる。

国の原子力委員会は「利用目的のないプルトニウムは持たない」との原則を掲げる。現状は「利用目的」が意味するところを巡り、さまざまな臆測が渦巻く。

米国や英国の公文書などを基に、核武装を巡る日米英の秘史を描いた著書がある早稲田大社会科学総合学術院教授の有馬哲夫は「プルトニウムを保有して核兵器を持つポテンシャル（潜在的可能性）を維持することは、日本政府の選択肢の一つとしてある」とみる。

転嫁

失策のつけ 上乗せ回収

東北電力の検針票の裏面下段に「賠償負担金」「廃炉円滑化負担金」の文字が小さく記されている。送配電設備の利用料に当たる託送料金の単価に含まれる、との説明が付く。

前者は東京電力福島第１原発事故前に本来備えるべきだった賠償金の穴埋め、後者は各原発の廃炉を進めるための財務環境整備が目的だ。賠償も廃炉も送配電と直接関係ないが、いずれも経済産業省令で定める。

大手電力各社で分担し、東北電関係分は賠償負担金で総額２・４兆円のうち１４２５億円、廃炉円滑化負担金で総額４７００億円のうち６１５億円を占める。

電力各社は２０２０年夏、両負担金を踏まえた料金変更を認可された。東北電は21年10月から１キロワット時当たり７銭の値上げを予定するが、「新型コロナウイルスの影響などを総合的に勘案し判断する」と実施に含みを残す。

託送料金への上乗せを説明する検針票裏面（手前）。表面（奥）には再生可能エネルギー発電による電気買い取りの消費者負担分が記されている

賠償負担金を託送料金で回収する仕組みは「国民全体で福島を支える」との名目で、政府が16年12月に閣議決定した「福島復興の加速のための基本指針」に盛り込まれた。廃炉負担金分を含め、是非を実質的に議論する場となった経産省総合資源エネルギー調査会の小委員会では当初、異論が続出した。

「国会を経ずに省令だけで変えられる託送料金に入れてしまうことが、国民の不信感の基になる」。小委でこう苦言を呈した公益社団法人日本消費生活アドバイザー・コンサルタント・相談員協会（ＮＡＣＳ）代表理事の大石美奈子は「当時抱いた思いが、さらに強くなっている」と言う。

特に疑問視するのが廃炉負担金。「負担金が廃炉促進にどう効果があったかは経産省も検証できていない。そうしたものを託送料金で強制徴収するのは、やはりおかしい」と指摘する。


託送料金での回収が可能となった17年以降、福島県内を除き廃炉が決まったのは、東北電女川原発１号機（宮城県女川町、石巻市）など４社４原発５基。ただ、廃炉費用の分割計上が可能となった13年以降、５社５原発６基の廃炉が16年までに決定している。関西電力や日本原子力発電に至っては、計３原発４基の原則40年の運転期間を最長20年延長させる方針を決めた。負担金の導入が廃炉を促している状況とは言い難い。

一方、賠償負担金は「過去分」を国民に負担させる再度のケースであることに反発が根強い。前回は05年から20年９月まで託送料金で回収された使用済み核燃料再処理費用の過去分だった。賠償と再処理費用を巡る過去の不足分は国と事業者の甘い見通しが招いた結果だが、失策のつけを国民に回し続けている形だ。

福岡市の新電力事業者は20年10月、賠償、廃炉両負担金の託送料金上乗せを九州電力に認めた国の決定は違法だとして、取り消しを求める全国初の訴訟を福岡地裁に起こした。原告側は「他地域でも提訴を検討していると聞く」と明かす。

東北電は紙の検針票を21年4月から原則としてペーパーレス化する。ウェブサイトで両負担金の上乗せを簡単に説明しているものの、消費者の目に一層届きにくくなりかねない。

同社は両負担金について「お客さまからの問い合わせに丁寧に説明し、理解をいただけるよう対応する。ウェブサイトの掲載内容も検討する」と説明する。

特集 脱炭素政策

識者インタビュー

2021年夏にも策定される政府の新たなエネルギー基本計画では、50年の脱炭素社会に向けた電源構成が最大の焦点だ。二酸化炭素（CO_2）を排出しない原子力と再生可能エネルギーはどう位置付けられるべきなのか。エネルギー政策に詳しい2人に聞いた。

国際大大学院教授　橘川　武郎　氏

原子力「見切り」にかじ

2050年にCO_2などの排出量を実質ゼロにする「カーボンニュートラル」を政府が打ち出し、原発推進派が浮かれているが、はしごを外されると思う。原発の新増設やリプレース（建て替え）を政府が一向に口にしないからだ。

このまま廃炉が続けば、50年の原発依存度は10％未満になる。政府が20年末に出した

きっかわ・たけお
東大大学院博士課程単位取得退学。東京理科大大学院教授などを経て2020年から国際大大学院教授。専門はエネルギー産業論。国の総合資源エネルギー調査会委員。19年7月から仙台市ガス事業民営化推進委員会委員長も務める。69歳。和歌山県出身。

グリーン成長戦略に盛り込んだ安全性が高い小型モジュール炉（SMR）などの開発も新増設がなければ意味がない。目くらましのような話だ。

成長戦略では50年の電源構成の参考値として、CO_2の貯留・回収機能付きの火力と原子力を合わせて3～4割とした。原子力単独でなく合計という「化粧」をせざるを得ないのは、原子力を見限る方向にかじを切ったとみるのが正解だ。

東京電力ホールディングスと中部電力が共同出資する国内最大の火力発電会社

JERA（ジェラ）が20年10月、50年までにCO_2を排出しない発電所に切り替えると表明した。菅義偉首相が50年のカーボンニュートラルを宣言する約2週間前のことで、実質ゼロに弾みがついたことは間違いない。火力がCO_2を出さなくなると、原子力のメリットはほとんどない。副次電源の選択肢として残すとしても、将来的に原発ゼロを可能にする道筋は見えつつあると思う。

それでも原子力を残そうとするのは政府・与党による立地自治体への配慮だろう。選挙の際には大きな票田になるため、現時点で脱原発を前面には出せない。この点は東電福島第1原発事故後も変わっていない。安倍政権以降、原子力の諸課題を先延ばしして触らない、あまり変えたくないという姿勢が定着した。「化粧」からも、その意思を感じる。

原発事故後のエネルギー基本計画改定に、政府の委員として全て関わっているが、事故後初の改定だった第4次計画（2014年）は、使用済み核燃料の直接処分の調査研究推進など核燃料サイクルに「中長期的な対応の柔軟性」を持たせた修正が唯一評価できる点だった。特に高速増殖原型炉「もんじゅ」（福井県）の目的を核燃料の増殖でなく高レベル放射性廃棄物の減容・有害度低減と位置付けを変えたことが大きい。もんじゅは16年に廃止されたが、停滞していた廃棄物処分などのバックエンド対策に、政府が重い腰を上げる契機となった。現行の第5次計画（18年）は、再生可能エネルギーの主力電源化を明記したことが評価点だ。

国民の多くは原発の再稼働に消極的だが、即時廃止を求める人は少ない。原子力は当面必要だと理解しつつも、政府や事業者の進め方に不信感があると読み取れる。原発のリプレースやたまり続ける使用済み燃料、プルトニウム処理などの問題に真正面から向き合い、国民に理解を求める覚悟が必要だ。

東北大教授　明日香寿川　氏

再エネと省エネ 全面に

菅義偉首相は2020年10月、50年までに国内の温室効果ガス排出を実質ゼロにする「カーボンニュートラル」を宣言した。欧州連合（EU）や英国、カナダなどが19年までに表明し、中国も20年9月に「60年まで」を打ち出したことを踏まえれば遅いと言える。安倍政権も「50年に80％削減」を目標に掲げたが、中身が伴わなかった。目標達成に向けた菅政権の取り組みを、国民は監視する必要がある。

原子力が目標実現に資するかどうかは、費用と便益の面から他の選択肢と十分に比較すべきだ。政府が15年に公表した電源別の発電コスト比較では、公表時点と30年のモデルでいずれも原子力が最も優位とされた。現在は太陽光パネルや風力タービンなどの価格低下から、多くの国で再生可能エネルギーが最も安価な発電技術になっている。知る限り「原子力が一番安い」と今も政府が言い続けている国は日本だけだ。

高コストで高リスクの原発をわざわざ使わなくても温暖化対策は可能だ。30年に原発がゼロでも、省エネと再エネ利用を進めれば二酸化炭

あすか・じゅせん

東大大学院で博士号取得。2004年から東北大東北アジア研究センター教授。同大大学院環境科学研究科教授を兼務。専門は環境エネルギー政策。著書に「脱『原発・温暖化』の経済学」（共著）など。61歳。東京都出身。

素（CO_2）排出は大きく減らせる。

菅首相の宣言を受けて政府が昨年暮れに策定した「グリーン成長戦略」の最大の問題は、火力や原子力を基軸とした現在の大量生産・大量消費のエネルギー構造を維持するために、見通しの立っていない新技術に頼っている点だ。原子力では新たな小型モジュール炉（ＳＭＲ）、火力ではCO_2の貯留回収・利用などがそれに当たる。技術開発やコスト低下が順調に進むかどうか分からない上、それらの技術でCO_2の削減効果がどれほどあるのかも不透明だ。

ＳＭＲは古くからある技術で、とにかく高い。原発は効率向上とコスト低下のために、ひたすら大型化を図ってきた。小型化すれば再び割高になる。安全面でのリスクはゼロでないし、放射性廃棄物も依然として発生する。ほかにより良い選択肢がある中、普及するとは思えない。


エネルギー構造の転換には雇用対策が必要になり、どの国も悩みの種だ。例えば中国には石炭関係の労働者だけでも数百万人いる。米国やオーストラリア、カナダ、ロシア、ドイツなども化石燃料の採掘などに従事する労働者が多い。カーボンニュートラルは、そうした人々が職を失うことを意味する。

各国で課題となっている補償や雇用転換プログラムなどの在り方は今後、日本でも検討が必要になるが、他国より少ない化石燃料関連の雇用者数を考えれば相対的に恵まれていると言える。再エネや省エネで生まれる新たな雇用は、雇用転換が必要とされる雇用よりも規模が大きくて持続的。裾野も広い。日本全体の産業発展や企業の競争力向上のために好ましい。

温室効果ガスによる気候変動と新型コロナウイルス禍は「自分が原因になり得る」と実感しづらい点で共通する。自分がウイルスに感染すれば他者にも感染させかねないことと同様に、自分が排出するCO_2が他国の人々や未来世代に悪影響を与えるという意識を一人一人が持つことが求められる。

特集

核燃料税

宮城県が課税額最少

税率の見直し検討へ

原発立地道県が電力会社に課す核燃料税で、東北電力女川原発（宮城県女川町、石巻市）がある宮城県の課税額が他道県を大きく下回ることが、河北新報社の調査で分かった。東京電力福島第1原発事故後は7年続けて税収ゼロで、2019年度は同じ東北電に課税する青森県の約3分の1。停止中の原発への課税割合が低いためで、宮城県は税率見直しを検討する方針だ。

各立地道県の19年度の核燃料税収（原発分）は表の通り。最多は大飯、高浜両原発が再稼働した福井の111億2900万円で、最少

核燃料税

原発や使用済み核燃料再処理工場など核燃料を保有する施設の規模や燃料の価格、量などに応じて立地自治体が条例で事業者から徴収する法定外普通税。福井県が1976年に全国で初めて導入した。未使用の燃料が対象だったが、近年は使用済み燃料にも課税する動きが出ている。

の宮城（1億8100万円）の60倍以上に上る。

女川と同様に原発が再稼働していない道県で比べると、最多は新潟の34億6000万円。2番目に額が少ない茨城でも4億100万円で、宮城と倍以上の開きがある。原発2基の熱出力合計が3基の宮城とほぼ同じ石川は7億7000万円だった。

核燃料税は課税の公平性の観点から、各道県ともほぼ横並びの課税基準を採用するのが一般的。原発事故前は原子炉に装荷する核燃料の価格に対して各道県が12～14・5%の税率（価格割）を課していた。

価格割は運転に向けて燃料が装荷されなければ課税できず、再稼働が進まないと税収が入らない。このため福井は停止中でも安全対策費などの財政需要が発生することを理由に11年度、熱出力に応じて課税する「出力割」を新設し、全国に波及した。

一方、宮城は13年度の核燃料税更新時に「原子力行政の今後が不透明」として出力

■全国の原発の2019年度の核燃料税比較

	原　発	核燃料税	価格割	出力割
北海道	泊(3)	8億9900万円	8.5%	151,000円
青森県	東通(1)	5億　300万円	8.5%	153,000円
宮城県	女川(3)	1億8100万円	12.0%	28,000円
茨城県	東海第二(1)	4億　100万円	8.5%	122,000円
静岡県	浜岡(3)	12億4000万円	8.5%	118,000円
新潟県	柏崎刈羽(7)	34億6000万円	4.5%	193,800円
石川県	志賀(2)	7億7000万円	8.5%	139,600円
福井県	敦賀、大飯、高浜、美浜(計13)	111億2900万円	8.5%	183,000円
島根県	島根(2)	7億4300万円	8.5%	164,400円
愛媛県	伊方(3)	11億7000万円	8.5%	176,000円
佐賀県	玄海(4)	33億6400万円	8.5%	184,000円
鹿児島県	川内(2)	17億7200万円	8.5%	193,800円

※核燃料税は100万円未満は切り捨て、青森と茨城は熱出力を基に算出。出力割は熱出力1000キロワット当たりの年額。
（網掛け）は原発が再稼働した県。福井の再稼働は大飯、高浜の両原発。（　）内の数字は課税対象基数

割の導入を見送った。18年度に全国で最も遅く熱出力１０００キロワット当たり年２万８０００円の出力割を導入したが、ともに19万３８００円で最も高い新潟、鹿児島の約７分の１に抑えている。

宮城県税務課は「結果的に判断が甘かったかもしれない。次の更新時（２０２３年度）に他道県とのバランスも取った形で（税率見直しを）協議する」と説明する。

原発10基が立地した福島県は、原発事故後の12年12月に核燃料税を廃止した。

早期再稼働を想定か

東北電力女川原発（宮城県女川町、石巻市）に対する宮城県の核燃料税水準は、同じく東北電に課税する青森県と比べても特異さが際立つ。女川原発の早期再稼働を想定したのでなければ説明がつかない税率設定が続いている。

宮城、青森両県が東北電から徴収した核燃料税は表の通り。

宮城県の核燃料税のうち、原子炉に装荷する燃料の価格に対して課す価格割は全国で最も高く、東京電力福島第１原発事故前から現在まで一貫して12％を維持する。原子炉への装荷は稼働が前提となるため、女川原発が再稼働していない宮城県の価格割税収はゼロが続く。
他の立地道県は原発事故後、早期の再稼働が見通せないと判断し、事故前に12～14・５％だった価格割の税率を８・５％（新潟は４・５％）に下げる一方、原発停止中も熱出力の規模に応じて課税する出力割を導入した。

宮城県によると、総務省と立地道県が核燃料税率を協議する際、価格割と出力割を合わせた「価格相当割」という税率で均衡を図るという。宮城の価格相当割は他道県と同程度だが、価格割に大きく依存しているため、実質税収は大幅に少ない。

東北電東通原発（青森県東通村）を抱える青森県は２０１２年度、熱出力１０００キロワット当たり年３万６０００円の出力割を導入した。宮城が同２万８０００円の出力割を導入した18年度は両県の税収がほぼ同じだったが、青森は翌年度

宮城、青森両県が東北電力から徴収した核燃税

年度	宮城県／女川原発	青森県／東通原発	メモ
2011	0円	0円	
2012	0円	1億1850万円	青森県が出力割を導入
2013	0円	1億1850万円	
2014	0円	1億1850万円	青森県が出力割を更新
2015	0円	1億1850万円	
2016	0円	1億1850万円	
2017	0円	1億1850万円	
2018	1億 560万円	1億1850万円	宮城県が出力割を導入
2019	1億8100万円	5億 380万円	青森県が出力割を増額
2020	1億8100万円	5億 380万円	
計	4億6760万円	18億3710万円	

※青森県の核燃税は熱出力を基に算出

の更新で出力割を15万3000円に上げ、宮城に差をつけた。実際の出力規模は女川原発（3基）が東通（1基）の約2倍大きい。

宮城県税務課の担当者は「（価格割相当で）他の道県とのバランスを取った。意図的に税収が低くなるようにしたわけではない」と話す。

東北電への事実上の優遇措置

政府の総合資源エネルギー調査会委員、橘川武郎・国際大大学院教授の話

宮城県の核燃料税収の少なさは尋常でない。税率は価格割を高くして帳尻を合わせたつもりかもしれないが、原発が動かないと1銭も入らない。東北電への事実上の優遇措置だ。核燃料税は自治体と電力会社の力関係を測る物差しで、再稼働前は特に税率交渉で自治体側が有利のはずだ。核燃料税以外でも多くの自治体が再稼働への可否判断を盾にする中で宮城県が2020年、東北電ですら22年度以降としている女川原発の再稼働に早々と同意したことは理解に苦しむ。甘い姿勢は、核燃料税の問題と通底すると感じる。

特集 回帰の流れ 強まる復権論

東京電力福島第1原発事故の発生から10年を迎え、「喪明け」のように原発再稼働を求める声が噴出している。事故直後から続いた脱原発への流れは、首相菅義偉が２０２０年秋、脱炭素社会を目指すと宣言したことで潮目が変化。「脱原発事故」に向かう兆しすらある。

脱炭素追い風 事故封印も

事故からちょうど10年の２０２１年3月11日、政府の総合資源エネルギー調査会の分科会が開かれた。日本エネルギー経済研究所理事長の委員豊田正和は「10年たった日だからこそ（言う）」と断った上で「新規制基準適合性審査を申請した27基の原発全てを最低限、再稼働させるべきだ」と自説を展開。他の委員からも「安全性が確認された原発は使うべきだ」など、同様の意見が相次いだ。

菅の脱炭素宣言を受け、分科会は政府が同年夏にも改定するエネルギー基本計画に盛り込む電源構成を検討している。二酸化炭素を出さない原子力はエネルギーの安定供給面からも必要とする声が根強く、相応の構成比となる可能性が高い。

エネルギー基本計画は事故後、２０１４年と18年に改定されたが、事故の反省や教訓に一貫して言及。経済産業相梶山弘志も21年3月11日の分科会で「エネルギー政策を進める原点として、原発事故は忘れてはならない」と強調した。

一方で10年を節目に、事故を「封印」するかのような姿勢も出始めた。

関西、九州、四国、中国、中部、北陸の6経済連合会は21年3月9日、エネルギー基本計画の改定に際し、原発の新増設・建て替え方針を早期に示すことなどを求める意見を共同発表した。23ページに及ぶ意見書は「原発事故」に一切触れていない。

関西経済連合会の担当者は「(原発事故の記載は）あえて入れるべきものでも、避けるべきものでもないと考えている。意図的に触れなかったわけではない」と説明する。

特集

立地特措法　東北の自治体、追加模索

原子力施設の立地・周辺自治体を財政支援する「原子力発電施設等立地地域の振興に関する特別措置法」の期限を2021年3月末から10年間延長する改正法が、同年3月、国会で成立した。特措法の恩恵を受ける自治体の範囲は道府県で差があり、東北で同法の対象地域を持つ青森、宮城、福島の3県では追加の地域指定に関心が高まっている。

青森県「大間地域も」、東松島市「広範囲に」

3県の対象地域は地図と表1（158ページ）の通り。青森と福島は原発30キロ圏内の緊急防護措置区域（UPZ、核燃料サイクル施設は1～5キロ圏）はもとより、原子力施設の立地自治体と隣接しない自治体まで広範囲に指定されている。一方、宮城は地域指定当時の立地・隣接自治体（市町合併後は立地自治体のみ）に絞り、UPZ内でも対象外の自治体がある。

3県の地域指定は、特措法成立から間もない2002～03年にそれぞれ行われた。青森と福島は「広域で一体的な振興を図る必要がある」として対象地域を選定。宮城は「『対象地域は原則的に立地・隣接市町村』とする国の通達に沿った」と説明する。

防災インフラ整備や企業誘致への優遇措置がさらに10年続くことが確実な状況を受け、対象拡大を模索する声が出ている。市域の9割がUPZ内にある東松島市の担当者は「他県

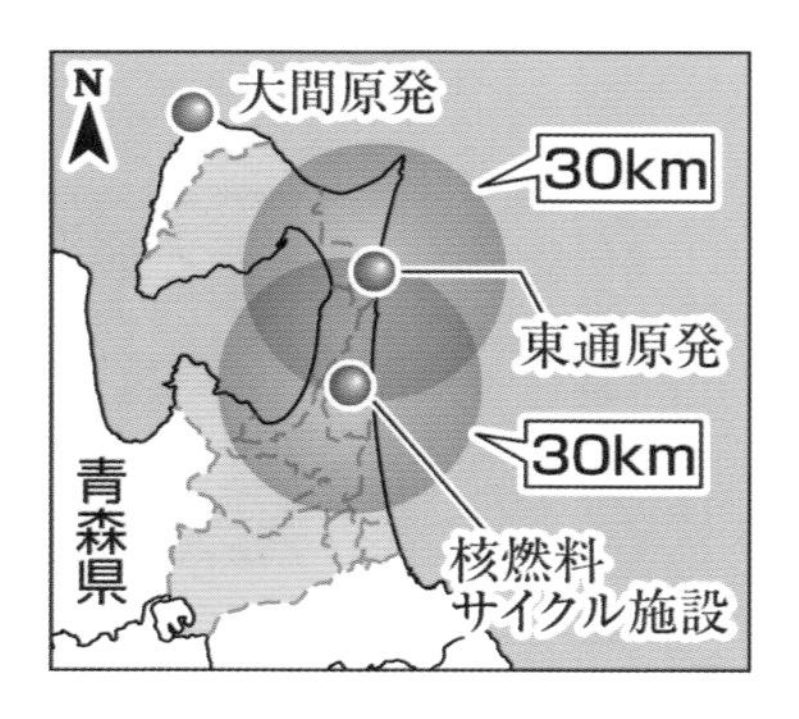

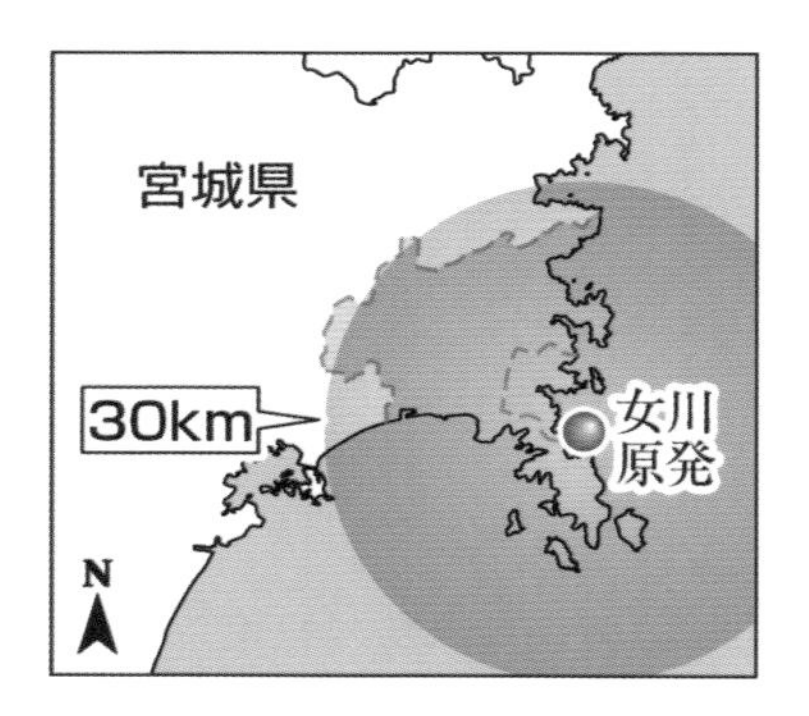

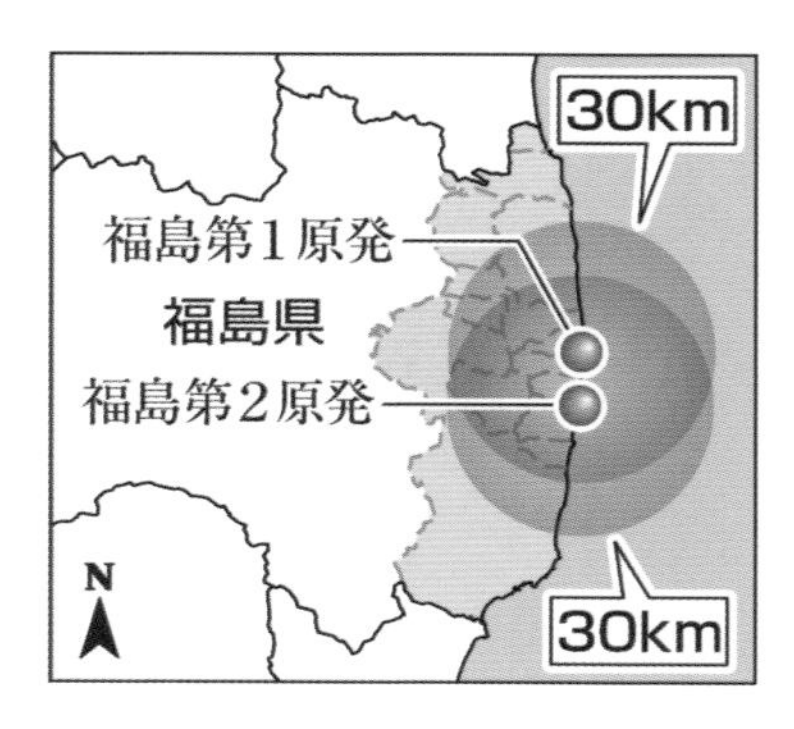

【表1】特措法の対象地域

青森	十和田市、三沢市、むつ市 平内町、野辺地町、七戸町 おいらせ町、六戸町、横浜町 東北町、六ケ所村、東通村
宮城	石巻市、女川町
福島	いわき市、南相馬市、相馬市 田村市、楢葉町、富岡町 大熊町、双葉町、広野町 浪江町、新地町、川内村 葛尾村、飯舘村

で広範囲が指定されていることを知らなかった。（追加指定への）関心は非常にある」と強調する。

　青森県では当初指定時、国の原子炉設置許可前だった大間原発地域（大間町、風間浦村、佐井村）が対象から漏れた。県の担当者は「大間地域を追加したい思いはある」と話す。

　特措法を所管する内閣府は「道府県からの対象追加の申請が原子力立地会議で承認されれば、対象地域の拡大は可能」（原子力政策担当室）と、道府県側の判断次第との考えを示す。

　過去10年間の国による負担実績は表2の通り。宮城と福島は東日本大震災後、特措法より補助率が高い復興関連事業でインフラなどの整備を進めたこともあり、近年は特措法に基づく国負担が激減した。

　特措法は議員提案による10年間の時限立法で、前回11年の延長は議員提案で法改正した。今回は政府が「インフラ

【表2】特措法による国負担額（単位：億円）

	2019	2018	2017	2016	2015	2014	2013	2012	2011	2010	合計
青森	40	31	33	28	20	32	27	28	25	26	290
宮城	0	0	0	0	0	0	0	2	3	3	8
福島	0.2	0.1	0.01	3	3	2	3	1	8	16	36
全国	136	91	81	101	85	101	93	130	144	159	1121

※法による支援措置のうち、補助率のかさ上げと地方債償還費用の補てんの合計額

の整備状況を鑑みて支援継続が必要」と判断して再延長を提案した。

原発立地特措法

2001年施行。都道府県知事の申し出に基づき首相が議長の原子力立地会議で対象地域を指定する。現在の指定地域は14道府県の計76市町村。指定地域では避難道路や避難所などの整備の実質的な負担が13.5%に抑えられ、特定の業種の企業誘致などで減税した場合は減収額の75%が交付税措置される。内閣府によると19年度までの自治体への支援総額は2251億円。

第6章　揺れる司法

原発の稼働は是か非か、各地の法廷で応酬が続く。安全性にお墨付きを与え続けた裁判所の姿勢は、福島第1原発事故を経て変化も見られる。司法が果たすべき役割とは何か。原発裁判の過去と現在から考える。

看過

津波の危険 最悪の証明

3基目の原子炉建屋爆発の報を聞き、心を決めた。

「急いで避難だ。このままでは仙台も危ない」

東京電力福島第1原発（福島県大熊町、双葉町）が大津波にのまれた4日後の2011年3月15日夜、弁護士小野寺信一（73）＝仙台弁護士会＝は家族を連れて車で山形市へ向かった。「そんな大げさな」と渋る妻を説き伏せた。

壊れた建屋の映像を見て絶望した。「電源喪失で炉心を冷却する装置が作動せず爆発を招く恐れがある」。かつて法廷で訴えたものの「危惧懸念の類い」と被告の国にあしらわれた主張の正しさが、最悪な形で証明された。

小野寺は1975年から原発裁判に関わる。東電福島第2原発（楢葉町、富岡町）の周辺住民が国の原子炉設置許可の取り消し訴訟を福島地裁に起こした際、福島市で弁護士活動を始めたばかりの小野寺も住民側代理人に名を連ねた。

炉心溶融を辛うじて免れた福島第2原発（手前）。奥に福島第1原発が見える＝2012年9月

訴訟は事故想定を巡る国の安全審査の是非が最大の争点となった。国や東電は放射能が外部に大量放出される事態は「技術的に起こりえない」と主張した。

当時、海外では過酷事故が相次いだ。提訴4年後の79年に米国でスリーマイル島原発事故が、控訴審が続いていた86年に史上最悪級の原子力災害となる旧ソ連のチェルブイリ原発事故が起きた。原発への不安が国内でも広がる中、国と東電の事故想定の甘さを指摘する住民側の主張は説得力を増したはずだった。

「結局のところ原発をやめるわけにはいかない」「安全性を高めて原発を推進するほかない」。一審に続き住民側の訴えを退けた90年の二審仙台高裁判決に、小野寺は愕然（がくぜん）とした。

判決は訴訟と直接関係のない反原発の世論にまで言及し「反対ばかりしていないで落ち着いて考える必要がある」と説いた。

司法が「問題なし」とした国の安全審査は、大津波の危険を見過ごしていた。第2原発も第1原発と同様に津波で水没。外部電源が辛うじて1回線のみ無事だったため大惨事を免れたが、当時の第2原発所長は「炉心溶融と同様の事態になるまで紙一重だった」と認める。

2019年11月、東北電力女川原発（宮城県女川町、石巻市）の周辺住民が再稼働に同意しないよう県と市に求める仮処分を、仙台地裁に申し立てた。住民側弁護団長の小野寺は、重大事故を想定した広域避難計画の不備を主張し再稼働同意の可否を問うという、全国でも例のない構成にした。

原発自体の安全性を争う通常の裁判は専門用語が飛び交い、素人は理解しづらい。「避難計画なら住民の視点で原発の是非を問える」と考えたためだ。

仙台地裁は「避難計画に不備があったとしても再稼働同意の差し止めは法的にできない」と判断。20年10月、申し立て却下の決定が仙台高裁で確定した。

「福島の事故が収束に向かったのは奇跡だった。これに報いなければ、次はもうないよ。

落ち込んでいられない」。小野寺は今後の一手を思案する。

形骸

安全神話 判例生かせず

「今後の基準になる判決を書いたつもりです」

２００７年３月、在日英国大使館であった日英の法曹交流の立食会。ある男性が歓談中、かつて自らが関わった最高裁判決を振り返った。言葉を交わした弁護士海渡（かいど）雄一（65）＝第二東京弁護士会＝は、相手の照れ笑いから相当な苦労があったのだと感じた。

男性は最高裁事務総局幹部の高橋利文（当時、故人）。四国電力伊方原発（愛媛県）の設置許可取り消し請求訴訟の上告審で、最高裁判事を補佐する調査官を務めた。海渡は１９８０年代から原発裁判に関わり、東京電力福島第１原発事故後は脱原発弁護団全国連絡会の共同代表に就いた。

高橋が裏方として支えた92年の最高裁判決（伊方判例）は、国を被告とする原発訴訟で判断の枠組みを初めて示した。

裁判所は国の安全審査の基準や判断過程に見過ごせない誤りや不足がないかどうかを「現在の科学技術水準」で調べる。全ての証拠資料を持つ国に主張と立証を求め、それができなければ違法な審査と判断する―という枠組みだ。

裁判所が審査に重大な欠陥を認めれば、事故が起きるかどうかに関係なく原発の設置許可を取り消す。高橋は判例解説書で「同種訴訟はもとより『科学裁判』の重要な先例になる」と自負した。

伊方原発訴訟・最高裁判決の判断枠組み骨子
○原発の設置許可処分の前提となる国の安全審査は、深刻な原子力災害が万が一にも起こらないようにするためにある
○安全審査の具体的基準や判断過程に看過しがたい過誤・欠落が認められる場合、設置許可処分は違法となる
○被告の国側が安全審査に関する証拠を全て保持している事情を考慮し、まず国側に相当の根拠と資料に基づく主張・立証を尽くしてもらう
○国側の主張・立証が尽くされない場合、審査の違法が事実上推認される
○設置許可処分が違法かどうかの判断には、現在の科学技術水準を用いる

伊方原発訴訟・最高裁判決の骨子

原告住民らの敗訴を確定させた伊方判例は「国策追従」と批判されたが、海渡は「今後に生かせる内容だ」と肯定的に捉え直した。それまでは裁判所の判断手法が定まりきらず、海渡ら弁護士も訴訟戦略の焦点を絞れずにいたためだ。

「科学論争は裁判所の審理になじむか」「高度の技術的要素を含む行政行

為を司法はどこまで判断できるのか」。76年10月の裁判官会同の記録には、原発裁判を担う各地の裁判官らが審理での戸惑いを吐露した発言が残っている。

司法が事業者の申請の可否を判断する疑似審査のようなことをすれば行政の裁量を侵しかねない。一方で裁判所は判決を出さなければならない。伊方判例は、司法の立場で可能な限り原子力行政を監視するため編み出されたツールだった。

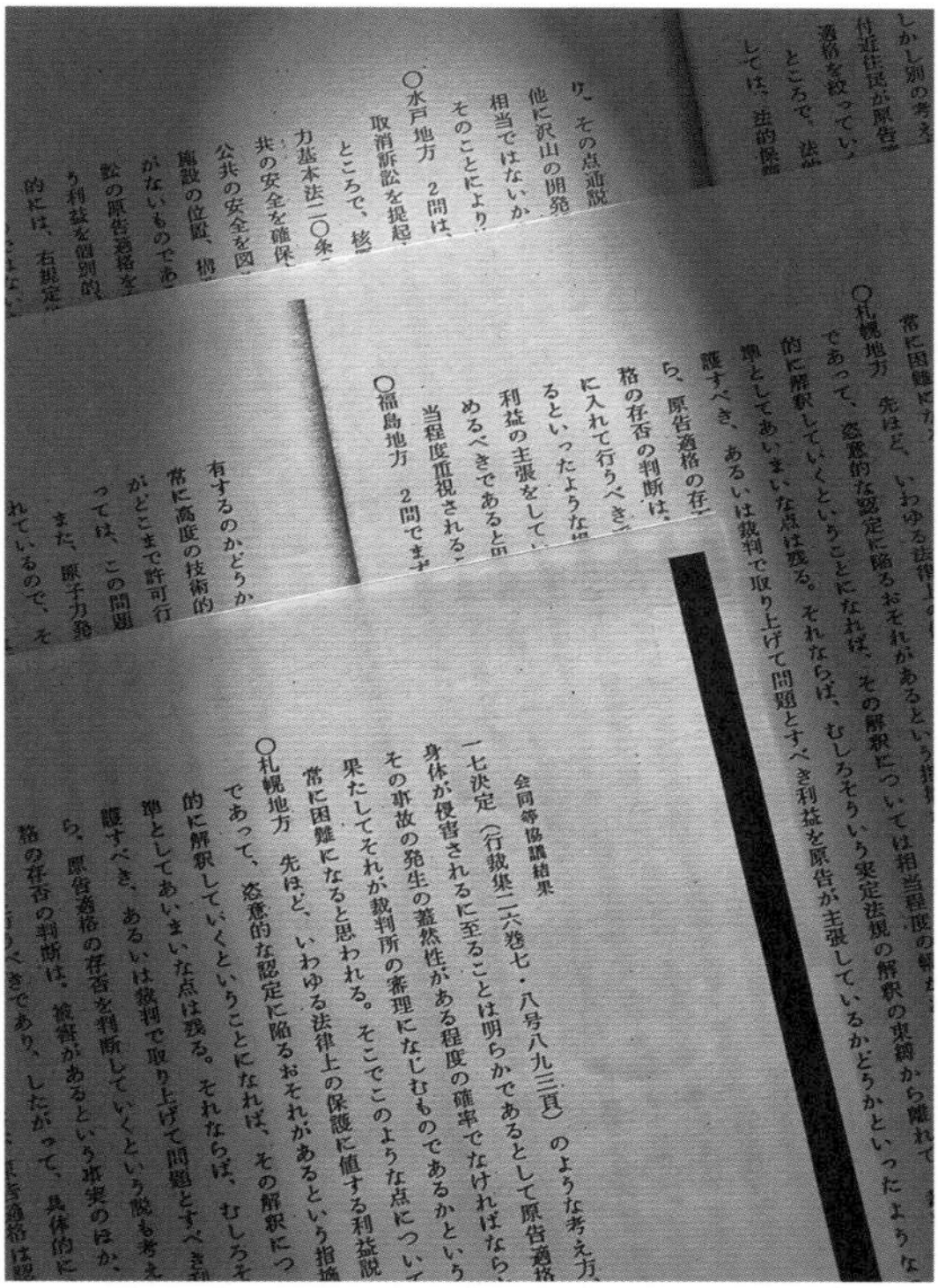

1976年の裁判官会同の記録。伊方判例は原発裁判の良くも悪くも前提となった

苦心の末に構築された枠組みは、ほどなく形骸化した。94年、東北電力女川原発（宮城県女川町、石巻市）運転差し止め請求訴訟の判決で仙台地裁は請求を棄却。2000年に最高裁で住民側敗訴が確定した。

「当時は福島のような事故が起きるとは考えもしなかっ

た」。一審裁判長の元判事塚原朋一（75）が振り返る。

伊方判例に沿い、塚原は被告の東北電に安全審査の内容を詳細に説明するよう求めた。しかし、それは証拠集めに苦労していた原告住民側への配慮だった。判決に至る心証は早い段階で固まっていたという。

その後も裁判所は安全審査の経過を確認すれば基本的に足りると考え、国や電力会社の言い分を認める判決や決定を出し続けた。判断の枠組みに、安全か危険かの実質面を肉付けすることはほとんどなかった。

「結局は裁判所も安全神話に陥っていたんだと思う」。多くの原発訴訟で苦汁をなめてきた海渡は、伊方判例が十分に生かされなかったことを残念がる。

共鳴

先例脱却　「運転否定」も

「被告は原子炉を運転してはならない」

原発・原子力施設を止めた裁判例		
03年	高速増殖炉「もんじゅ」（福井県）	名古屋高裁金沢支部（設置許可無効）
06年	北陸電力志賀原発（石川県）	金沢地裁（運転差し止め）
14年	関西電力大飯原発（福井県）	福井地裁（運転差し止め）
15年	関西電力高浜原発（福井県）	福井地裁（運転差し止め仮処分）
16年	関西電力高浜原発（福井県）	大津地裁（運転差し止め仮処分）
17年	四国電力伊方原発（愛媛県）	広島高裁（運転差し止め仮処分）
20年	四国電力伊方原発（愛媛県）	広島高裁（運転差し止め仮処分）
	関西電力大飯原発（福井県）	大阪地裁（設置許可取り消し）
21年	日本原子力発電東海第2原発（茨城県）	水戸地裁（運転差し止め）

（注）3月24日現在

2014年5月、福井地裁の裁判長樋口英明（68）＝当時、17年退官＝は関西電力に大飯原発3、4号機（福井県）の運転停止を命じた。東京電力福島第1原発事故の影響で国内の全原発が止まった後、最初に再稼働したのがこの2基だった。

原発裁判で各裁判所は、四国電力伊方原発（愛媛県）訴訟の最高裁判決（伊方判例、1992年）をモデルに、国の安全審査手続きの適否に重きを置いてきた。樋口は「迂遠（うえん）な手法」（判決）と評してこれと一線を画し、原発の危険性に正面から向き合った。

福島事故に衝撃を受けた後も「普通の原発には相応の安全対策があるはずだ」と考えていた樋口。先入観は審理が始まると打ち砕かれた。

大飯原発の地震対策について関電は「予測の範囲でしか揺れは起きない」と主張した。実際には国内の原発が想定以上の揺れに襲われた事例は過去5回も起きていた。

原発の具体的な危険性の判断を避けるのは、

福島事故後の裁判所に課された最も重要な責務を放棄するのに等しい―。判決でこう強調した樋口は、取材に「多くの裁判官は自分の頭で考えず（伊方判例などの）先例に当てはめて判断していた」と語った。

樋口は同地裁で15年4月にも、原子力規制委員会の新規制基準適合性審査に合格した関電高浜原発3、4号機（福井県）の運転差し止めを決定した。大きな物議を醸した二つの判断は、他の裁判官らの琴線に触れた。

「単に発電の効率性をもって甚大な災禍と引き換えにすべき事情はない」。大津地裁の裁判長山本善彦（66）＝当時、20

大飯原発の運転を差し止めた樋口英明（裁判官席中央）。被告席（右）に関西電力関係者の姿はなかった＝**2014**年**5**月、福井地裁

年退官＝は16年3月、樋口に続き高浜3、4号機の運転差し止めを決定した。

樋口と異なり伊方判例の判断枠組みを参考にしたが「一義的に確定した見解ではない」と考え、独自の解釈を加えた。それは「福島事故に真摯に向き合っているのか」という観点だ。

関電側に規制委の審査に合格した内容だけでなく、福島事故を踏まえた原子力行政や事業者の変化などを主張・立証するよう要求。しかし、関電は事故の教訓をまともに答えようとしなかった。山本は決定で関電の姿勢について「非常に不安を覚える」と指摘した。

住民側の弁護団長は元判事の弁護士井戸謙一(67)＝滋賀弁護士会＝だった。井戸も金沢地裁の裁判長として06年、北陸電力志賀原発（石川県）の運転を差し止める判決を出した。

これまでに原発を止めた司法判断は井戸の判決を含め計9件。その多くは高裁や最高裁で住民側の逆転負けが確定した。その他の原発裁判では、住民側の訴えや申し立ては軒並み退けられている。

「思い切った判断をして周囲から浮いた存在になるまいと考える裁判官の気持ちはよ

く分かる」。井戸は後進らの心情をおもんぱかった上で「社会や時代の動向と民意の行方を、裁判官は後追いでなく先取りしてほしい」と望む。

曲解

5 裁判リスク 対策鈍らす

原発裁判で初の住民側勝訴の判決が、国策の土台を揺るがした。

2003年1月、名古屋高裁金沢支部は核燃料サイクル開発機構（当時）の高速増殖原型炉「もんじゅ」（福井県）＝2016年廃炉決定＝の設置許可を無効とする控訴審判決を言い渡した。

もんじゅは核燃料サイクル政策の要。一審福井地裁判決は住民側の訴えを一蹴していただけに、関係者は逆転敗訴に衝撃を受けた。

「地元や社会と向き合う努力が足りなかった」。後にもんじゅ所長を務めた機構幹部の向（むかい）和夫（73）＝当時＝は、自戒を込めて判決書を読んだ。

機構の前身、動力炉・核燃料開発事業団（動燃）時代に起きたナトリウム漏れ事故（１９９５年）が尾を引いていた。支部はもんじゅについて重大事故へと発展する危険性が複数あると、四国電力伊方原発（愛媛県）訴訟の最高裁判決（伊方判例、92年）に倣って認定。国の安全審査の不備を「誠に無責任」と批判した。

「もんじゅ」のナトリウム漏れ事故現場。事故を境に日本の原子力政策は歯車が狂い始めた＝**1995**年**12**月

旧動燃は国策遂行の技術者集団を自負し、傾向はナトリウム漏れを「単純ミスと考えていた」。敗訴は慢心が招いた結果でもあった。

２００５年5月、最高裁が高裁判決を破棄し、提訴から20年を経て国側勝訴が確定した。控訴審の事実認定を原則的に踏襲するはずの上告審が、判断をことごとく覆す異例の結末だった。

勝敗が入れ替わり混乱が長引いた訴訟で、国と事業者は「教訓」を得た。起きる可能性が低い原発の事故リスクよりも、負ければ稼働の即停止にもつながる「裁判リスク」への対策が死活問題になるとの認識だ。

「安全性が不十分との主張に発展しやすく、訴訟に与える影響が大きい」。電気事業連合会（電事連）は2004年、原発の耐震設計指針の刷新を検討していた原子力安全委員会（当時）に意見を出した。規制強化への露骨なけん制だった。

規制のもう一つのとりでで、原子力安全・保安院（当時）も同調した。安全審査の適否を「現在の科学技術水準」で判断するとした伊方判例に従えば、新知見を積極的に取り込んだ指針では審査への要求レベルが高まる可能性があった。

06年改定の指針は内容が強化されたが、原発を指針にどのように合わせるかは事業者の自主性に委ねるとされた。電事連と保安院も受け入れられる内容だった。

「裁判を恐れて『事故は起こらない』と言い続けた事業者と当局のゆがんだ蜜月関係が、福島の惨事を招いた」。東京電力福島第1原発事故の国会事故調査委員を務めた弁護士野村修也（58）は指摘する。

その反省に立つ原子力規制委員会の新規制基準は、最新の安全知見の導入を法的に義務付ける。政府が「世界一厳しい」とうたう理由の一つだが、司法の視点は若干異なる。

関西電力大飯原発3、4号機（福井県）の設置変更許可を取り消した20年12月の大阪地裁判決は、耐震性に関わる規制委の検討が不十分だと判断。審査手法を実質的に否定した。

「解釈の掛け違いだ」。規制委員長の更田豊志(63)は記者会見で判決への反論を繰り返し、「（審査に）一つも過誤はないし欠落もない」として司法による曲解を主張する。

途上

多様な論点　判断を左右

791ジペーの判決書は、東京電力福島第1原発事故の教訓に何度も言及した。

「原発事故の被害は広範囲で避難も容易ではない。生活基盤が失われ、災害関連死をも招く」

日本原子力発電東海第２原発（茨城県）の運転差し止めを命じた２０２１年３月18日の水戸地裁判決。裁判官らが決め手としたのは事故対策の誤りや不足ではなく、事故時の避難計画の不備だった。

同原発は東日本大震災の津波で被災した後、18年９月に原子力規制委員会の新規制基準適合性審査に合格。30キロ圏（緊急防護措置区域＝ＵＰＺ）の居住者は約94万人に上る。

避難計画は事前に遠方の滞在先を確保し、道路の寸断や渋滞を見越した誘導ルートを練り、自力で避難できない高齢者や入院患者らへの対処も考える必要がある。福島事故では避難に伴う

勝訴の垂れ幕を掲げる弁護士ら。東海第２原発訴訟の判決は福島事故の教訓に正面から向き合った＝2021年３月18日、水戸地裁

負担によって多くの命が失われた。

自然災害の確実な予測はできず、原発に絶対の安全はあり得ない。福島の惨事を経てなお稼働を続けるのならば、原子炉の事故対策と同じ厳重さを避難計画にも課すべきだ――。こう考えた地裁は、防災体制の欠陥に「住民の命と健康を脅かす具体的危険」を認めた。


避難計画の不備を理由に原発を止める初の司法判断に、住民側弁護団は色めき立った。「全国の原発裁判に水平展開できる歴史的判決だ」。記者会見で弁護団共同代表の河合弘之(76)＝第二東京弁護士会＝は声を上ずらせた。

地域の防災体制を整える法律上の責任は政府と自治体にある。判決が突いたのは、電力会社にはどうしようもない「死角」であると同時に、従来の原発裁判では判決を左右するとは言い難い論点だった。

東北電力女川原発（宮城県女川町、石巻市）の再稼働に同意しないよう住民が県と市に求めた19年11月の仮処分申請は、全国で初めて避難計画の適否を主要争点に据えた。20年10月に裁判所の却下決定が確定したが、河合は「理屈の正しさが証明された。もう一度挑戦してほしい」と訴訟でのリベンジを望む。

原発の危険に社会はどう向き合うべきか。裁判で争われた事故対策や避難計画のはるか手前の問題もある。

「安全に対するおごりや過信がないか改めて反省したい」。水戸地裁の判決があった21年3月18日の夜、東電社長小早川智明（57）は記者会見で、柏崎刈羽原発（新潟県）での不祥事について謝罪と釈明を繰り返した。

原発敷地内への不正侵入を検知する機器の不備が発覚し、規制委は核物質防護の安全重要度と深刻度の両方で最悪レベルと評価。同月24日、原子炉への燃料装荷禁止など事実上の運転禁止命令を出す方針を決めた。

新潟地裁では同原発の運転差し止め請求訴訟の審理が続く。住民側は9年前の提訴時から、福島事故を起こした東電に原発運転の資格があるかどうかを問い続けてきた。

「福島や新潟は常に東電経営の犠牲になってきた。裁判を一つの『てこ』に社会の意識を動かしたい」。住民側弁護団長の和田光弘（66）＝新潟県弁護士会＝は、今も途上にある原発裁判の役割をかみしめる。

第7章

分断を超えて

「見えない敵」が他者を拒絶させ、分断を残す。原発事故で生じた社会の裂け目を、私たちはコロナ禍で再び目の当たりにした。自らの考えと価値観を押し付けようとする姿勢は、原子力を巡る対立に通底してはいまいか。相互理解への手掛かりを模索する。

烙印

不寛容が社会引き裂く

9歳の時、願い事に「天国に行きたい」と書いた。

東京電力福島第1原発事故直後、いわき市から東京に引っ越した鴨下全生（まつき）（18）は当時、小学校でのいじめに日々耐えていた。

「菌」と呼ばれる。脚に鉛筆を刺される。階段から突き落とされる――。福島からの自主避難者であることが理由だ。

中学校では境遇を伏せた。いじめはなくなったが、心の澱（おり）は消えなかった。「ずっと隠さなければならないのか。でも、明かしてつらい日々に戻ったら…」

知人の勧めで２０１８年、気持ちをつづった手紙をローマ教皇に送った。19年3月にバチカンで謁見し「原発事故の差別や分断に苦しむ人々のために祈ってほしい」と頼んだ。教皇は手を握ってうなずいた。

8カ月後、来日した教皇と東京で再会した時に「自分は避難できたからよかった」とスピーチした。終了後、会場にいた男性から「どういう意味だ」と激しく詰め寄られた。事故後も福島にとどまった人のようだった。ショックを引きずり、胃に穴が開いた。

21年春、大学生になった鴨下は思う。「加害者は別にいるのに、苦しむ被害者同士でいがみ合う。それが分断なんだ」

制服を着た高校生に「コロナ、コロナ」の声が投げ付けられる。

20年3月、女性教員の新型コロナウイルス感染が判明した郡山女子大（郡山市）は、付属高生までが誹謗中傷の標的となった。

大学に非難の電話が殺到した。職員は子どもの預かりを保育所に拒まれ、妻も勤め先から出勤を禁じられた。学長の関口修（80）は二度にわたり記者会見で「ご迷惑を掛けた」と謝り、学生らへの嫌がらせをしないよう訴えた。

21年1月、付属高のバレーボール部が全国大会に出場後、クラスター（感染者集団）

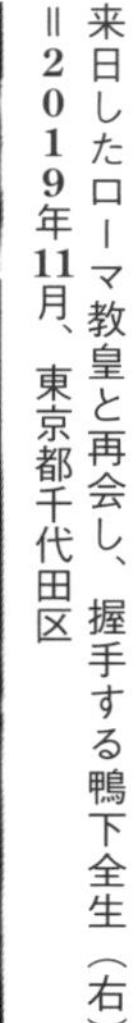
来日したローマ教皇と再会し、握手する鴨下全生（右）＝2019年11月、東京都千代田区

が発生。「生徒らを励ましてほしい」と記者会見で呼び掛けた校長を厳しく批判する声が学校に寄せられ、制服姿の生徒は再び避けて通られた。

原発事故でいわれのない差別や偏見にさらされた福島の人々は、コロナ禍で起きた理不尽を最も理解できるはずだった。「誰しも何かを悪者にして攻撃しないと自分を守れない、気持ちが落ち着かないと思うのかもしれない」。関口はこう考えることにして、怒りを押し殺す。

意見が二分する原発政策への賛否や低線量被ばくの評価と同様に、コロナ禍でも「健康か経済か」といった二項対立が見られる。福島県立医大教授（災害精神医学）の前田正治は「互いに先鋭的になり、次第に寛容性を失う。そうして生まれた分断が差別や偏見の根底にある」と指摘する。

原発事故避難者の心の健康調査を続けている前田は、コロナ禍にも共通する深刻な問題に「差別を受けた自分への偏見や罪責感、セルフスティグマ（自己烙印（らくいん））」を挙げる。「周囲からどう思われるかを気にして自分の体験を話せなくなり、孤立感を抱く。差別は意図的でなくても受けた側の傷は深い」。前田は相手への安易な攻撃を戒める。

自覚

政治の座標　民意とずれ

宮城県で新型コロナウイルスの新規感染者が激増した２０２１年3月中旬、仙台市青葉区の繁華街・国分町で懐石料理店を営む男性が、声を落として語りだした。

「県議の感染が一番のインパクト。来客数が一時激減した」

店では20年11月、県議会最大会派の自民党・県民会議の議員らによるクラスター（感染者集団）が発生した。入り口に消毒液、客席には仕切りが置かれ、従業員はマスクを着用。感染対策は十分講じていた。

宴席には16人が参加。店内に議員らの大声が響き渡り、「品のない客を入れないでほしい」と常連客から苦情が出たという。政府の分科会が「感染リスクが高い」とする五つの場面のうち「5人以上」「飲酒を伴う懇親会」「マスクなしでの会話」の三つに該当した。

「自らの行動を厳しく律し、議員としてふさわしい品位と識見を養う」。1999年、県議会が都道府県レベルで初めて制定した政治倫理条例は、議員の行為規範をこう定める。「県民の信託を受けた代表者であることを自覚」することも規範で求められている議員らは、集団感染の約1カ月前、賛成多数で東北電力女川原発2号機（女川町、石巻市）の再稼働を容認した。世論調査で6割以上が再稼働に反対し、再稼働に賛成の県民を含む11万人が住民投票の実施を求めた中での判断だった。

「議会に課せられた民意をくみ上げるための熟議が、残念ながらなかった」。市民団体「県民投票を実現する会」の代表を務めた多々良哲（62）が言う。

新型コロナのクラスター発生と原発の再稼働。接点がないように見える二つの問題は、市民の感覚と政治の座標との乖離（かいり）を示す点で共通する。それは東京電力福島第1原発事故後にも現れた。

毎週金曜に脱原発を訴えた市民団体による、活動休止前最後の集会。政治との距離は縮まらない＝2021年3月26日、首相官邸前

2012年7月下旬、再稼働に反対する群衆が国会周辺を埋めた。参加者は主催者発表で約20万人（警察推定は1万数千人）。デモは全国各地に波及した。

翌月、民主党の首相野田佳彦（当時）がデモを主導する市民団体代表らと面会したが、自民党への政権交代後に至るまで政府は原発利用の方針を崩さない。「女川原発の再稼働を許さない！みやぎアクション」世話人の篠原弘典（73）は「市民は事故の経験から学んだ。政治は過去から一歩も抜け出せていない」と嘆く。

努力の跡もあった。福島県議会は11年秋、東電福島第2原発（楢葉町、富岡町）を含む県内全基廃炉を求める請願を採択した。最大会派の自民党は消極的な議員を「県民から総スカンを食う」と諭し、会派拘束をかけて押し切った。

事故前は推進の先導役だった自民会派。福島第1原発、福島第2原発が立地する双葉郡選出で元議長の副会長吉田栄光(57)は「全基廃炉を求める県民の意思を見失うわけにはいかなかった」と振り返る。

自分ごとになって初めて知る民意の重さ。新型コロナで宮城県議会は議員のクラスター発生後になって、感染者や家族らへの差別を禁じる条例案を議員提出。21年3月19日に可決、成立した。

熟慮

合意の探求 対話の先に

原発の所長が反対住民らに賛辞を贈った。

「あなたたちのおかげで助かった。ありがとう」

2011年5月14日、東日本大震災の爪痕が残る東北電力女川原発(宮城県女川町、石巻市)を視察した女川町議高野博(77)=当時=は、所長渡部孝男(68)=同=の言葉を今もはっきりと覚えている。

女川3号機の着工(1996年)前、高野らは原発専用港の水深に余裕を持たすよう再三指摘した。一般的に水深が浅い場所では津波が高くなるとされる上、引き波で原子炉冷却水を取水できなくなることを懸念したためだ。

東北電は1997～98年度に専用港を約12万立方メートルしゅんせつ。水深は6・5メートルから10・5メートルになった。震災で女川原発は海抜13・8メートルの敷地に高さ13メートルの津波が襲ったが、大惨事は免れた。

地元で高野は「反原発」で知られる。取材に東北電は「（原発）慎重派の意見を踏まえたしゅんせつ工事ではない」と説明。渡部は同社広報を通じ「10年前の話。詳細を振り返るのは難しい」と答えた。

原発の推進側が反対側の意見を採り入れることは、恥ずべきことではない。むしろ、賛否の立場を超えようとする取り組みが少しずつ出始めている。

新潟県で2003年に発足した「柏崎刈羽原発の透明性を確保する地域の会」は、東京電力の原発が立つ柏崎市と刈羽村の賛成、反対、中間各派の住民や団体で構成。東電と国、県、市村はオブザーバーとして住民らの疑問や質問に答える。

「ゼロか百か」の極端な議論を禁じ、互いに歩み寄りの余地がないかどうか考える。「参加者は相手をねじ伏せる必要がないことを学ぶ。皆の納得を求めることが大事」。初代

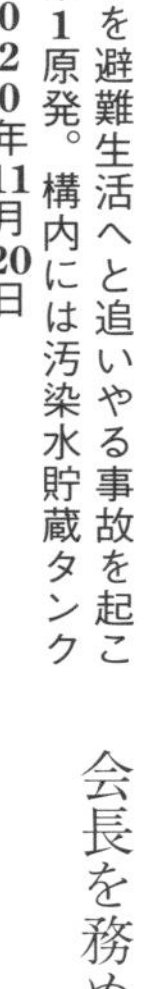
多くの人々を避難生活へと追いやる事故を起こした福島第1原発。構内には汚染水貯蔵タンクが並ぶ＝2020年11月20日

会長を務めた新野良子（70）が言う。

東電福島第1原発事故の影響が続く福島県。国会事故調査委員会で調査統括補佐を務めた東京理科大大学院教授石橋哲（56）の指導で、県内の高校生らが事故の教訓を考える活動「わかりやすいプロジェクト」を続ける。15年3月には、首都圏の高校生と共同コメントを出した。

「私たちは泳ぐことを諦め、ただ流されるままの魚のようになりたくありません」。原発事故を防げなかった大人たちへの痛烈な言葉は、問題を先送りせず原因の本質を直視し、多様な人が解決に向けて話し合う社会を目指す宣言だった。

福島高で活動を見守ってきた教諭高橋洋充（50）は「生徒たちが学んだのは自分ごととして自らの頭で考え、対話することの必要性だ」と説明する。

おわりに

ドイツ出身の政治哲学者アーレントは原発黎明期の1960年代初め、原子力を巡る議論で得るべき結論は「合意の妥当性に近い」と著作で記した。黒白をつけるのではなく、立場を超えて同意できる原子力の在り方を探るよう促した。

安全神話、規制と推進の未分離、原発存置を願う地域経済―。さまざまな条件が重なった末に起きた未曽有の事故から、私たちは何を学んだだろうか。

政府の「前面に立つ」は掛け声倒れになっていないか。東電をはじめとする事業者は原発を動かす資格を回復したのか。私たちも自分に好都合な、好きな話だけをしたり信じたりして思考停止していなかったか。

原発推進、反対の双方が妥協や譲歩を否定せず、真剣に合意点を見いだそうとする努力。それを絵空事と思う限り、双方は再び後退と失敗を繰り返すだろう。

10年前の福島から始まった原発事業と原子力政策の漂流。有権者であり電力消費者でもある私たちが針路のかじを取る。こぎ出す現在はたそがれ時か、夜明け前か。私たちの熟慮と覚悟が、それを決める。

河北新報社編集局「原発漂流」取材班

※本書は、２０２０年９月28日から21年４月９日まで河北新報朝刊に連載した「原発漂流─福島事故10年」と関連記事を基にした。登場人物の敬称は原則的に省略し、肩書や年齢は掲載当時のままにした。一部の写真は共同通信社のご協力をいただいた。

原発漂流
福島第1事故10年

発行日	2021年7月21日　第1刷
編者	河北新報社編集局
発行者	小野木克之
発行	河北新報出版センター 〒980-0022 仙台市青葉区五橋1丁目2-28 河北新報総合サービス内 TEL 022-214-3811 FAX 022-227-7666 https://kahoku-ss.co.jp/
印刷	笹氣出版印刷株式会社

定価は表紙カバーに表示してあります。乱丁・落丁本はお取りかえいたします。
ISBN978-4-87341-415-7

この印刷物はグリーン基準に適合した印刷資材を使用して、グリーンプリンティング認定工場が印刷した環境配慮商品です。インキは環境にやさしい植物油インキを使用しています。